U0622901

中华精神家园

物宝天华

天下奇石

赏石文化与艺术特色

肖东发 主编　鹿军士 编著

中国出版集团

现代出版社

图书在版编目（CIP）数据

天下奇石／鹿军士编著. — 北京：现代出版社，
2014.10（2019.1重印）
（中华精神家园书系）
ISBN 978-7-5143-3023-6

Ⅰ. ①天… Ⅱ. ①鹿… Ⅲ. ①观赏型－石－介绍－中
国 Ⅳ. ①TS933.21

中国版本图书馆CIP数据核字（2014）第236232号

天下奇石：赏石文化与艺术特色

主　　编：肖东发
作　　者：鹿军士
责任编辑：王敬一
出版发行：现代出版社
通信地址：北京市定安门外安华里504号
邮政编码：100011
电　　话：010-64267325　64245264（传真）
网　　址：www.1980xd.com
电子邮箱：xiandai@cnpitc.com.cn
印　　刷：固安县云鼎印刷有限公司
开　　本：710mm×1000mm　1/16
印　　张：10
版　　次：2015年4月第1版　　2021年3月第4次印刷
书　　号：ISBN 978-7-5143-3023-6
定　　价：29.80元

版权所有，翻印必究；未经许可，不得转载

党的十八大报告指出："文化是民族的血脉，是人民的精神家园。全面建成小康社会，实现中华民族伟大复兴，必须推动社会主义文化大发展大繁荣，兴起社会主义文化建设新高潮，提高国家文化软实力，发挥文化引领风尚、教育人民、服务社会、推动发展的作用。"

我国经过改革开放的历程，推进了民族振兴、国家富强、人民幸福的中国梦，推进了伟大复兴的历史进程。文化是立国之根，实现中国梦也是我国文化实现伟大复兴的过程，并最终体现为文化的发展繁荣。习近平指出，博大精深的中国优秀传统文化是我们在世界文化激荡中站稳脚跟的根基。中华文化源远流长，积淀着中华民族最深层的精神追求，代表着中华民族独特的精神标识，为中华民族生生不息、发展壮大提供了丰厚滋养。我们要认识中华文化的独特创造、价值理念、鲜明特色，增强文化自信和价值自信。

如今，我们正处在改革开放攻坚和经济发展的转型时期，面对世界各国形形色色的文化现象，面对各种眼花缭乱的现代传媒，我们要坚持文化自信，古为今用、洋为中用、推陈出新，有鉴别地加以对待，有扬弃地予以继承，传承和升华中华优秀传统文化，发展中国特色社会主义文化，增强国家文化软实力。

浩浩历史长河，熊熊文明薪火，中华文化源远流长，滚滚黄河、滔滔长江，是最直接的源头，这两大文化浪涛经过千百年冲刷洗礼和不断交流、融合以及沉淀，最终形成了求同存异、兼收并蓄的辉煌灿烂的中华文明，也是世界上唯一绵延不绝而从没中断的古老文化，并始终充满了生机与活力。

中华文化曾是东方文化摇篮，也是推动世界文明不断前行的动力之一。早在500年前，中华文化的四大发明催生了欧洲文艺复兴运动和地理大发现。中国四大发明先后传到西方，对于促进西方工业社会的形成和发展，曾起到了重要作用。

中华文化的力量，已经深深熔铸到我们的生命力、创造力和凝聚力中，是我们民族的基因。中华民族的精神，也已深深植根于绵延数千年的优秀文化传统之中，是我们的精神家园。

总之，中华文化博大精深，是中国各族人民五千年来创造、传承下来的物质文明和精神文明的总和，其内容包罗万象，浩若星汉，具有很强的文化纵深，蕴含丰富宝藏。我们要实现中华文化伟大复兴，首先要站在传统文化前沿，薪火相传，一脉相承，弘扬和发展五千年来优秀的、光明的、先进的、科学的、文明的和自豪的文化现象，融合古今中外一切文化精华，构建具有中国特色的现代民族文化，向世界和未来展示中华民族的文化力量、文化价值、文化形态与文化风采。

为此，在有关专家指导下，我们收集整理了大量古今资料和最新研究成果，特别编撰了本套大型书系。主要包括独具特色的语言文字、浩如烟海的文化典籍、名扬世界的科技工艺、异彩纷呈的文学艺术、充满智慧的中国哲学、完备而深刻的伦理道德、古风古韵的建筑遗存、深具内涵的自然名胜、悠久传承的历史文明，还有各具特色又相互交融的地域文化和民族文化等，充分显示了中华民族的厚重文化底蕴和强大民族凝聚力，具有极强的系统性、广博性和规模性。

本套书系的特点是全景展现，纵横捭阖，内容采取讲故事的方式进行叙述，语言通俗，明白晓畅，图文并茂，形象直观，古风古韵，格调高雅，具有很强的可读性、欣赏性、知识性和延伸性，能够让广大读者全面接触和感受中国文化的丰富内涵，增强中华儿女民族自尊心和文化自豪感，并能很好继承和弘扬中国文化，创造未来中国特色的先进民族文化。

2014年4月18日

赏石先导——夏商两周时期

置石造景——秦汉魏晋时期

昌盛发展——隋唐五代时期

鼎盛时代——宋元历史时期

空前繁盛——明清历史时期

夏商两周时期

　　石器时代是人类社会发展过程中的蒙昧时代。灵石崇拜与大山崇拜几乎同时发生，互有叠压现象，并在发展过程中不断深化，灵石由神秘化进而人格化。

　　夏朝的建立和青铜器的出现，极大地促进了生产力的发展，尤其是玉器的广泛应用和加工技术的全面提高，为赏石文化的产生打下了坚实的基础。

　　商代妇好墓中的玉器品类繁多，精美绝伦，集古玉器艺术之大成，象牙杯镶嵌有绿松石，是古代雕刻与镶嵌精品。

远古灵石崇拜启蒙赏石文化

一部浩如烟海的人类文明史，也就是一部漫长的由简单到复杂、由低级到高级的石文化史。

人类的祖先从旧石器时代利用天然石块为工具、当武器，到新石器时代的打制石器；从出土墓葬中死者的简单石制饰物，到后来的精美石雕和宝玉石工艺品。

各种石头伴随着人类从蛮荒时代，逐步走向文明，直至未来。古今一切利用石头的行为及其理论，构成了石文化的基本内容。

■ 石器时代刮削器

170万年前的元谋人开始使用打制的石头工具，比较简单粗糙，就质地而言，早期以易于加工、质地较松软的砂质岩为主。

■ 远古人类打造石器蜡像

而且，元谋人已经开始用石块作为随葬品。北京周口店猿人洞穴，石器原料多为石英岩，也有绿色砂岩、燧石、水晶石等。

早在3万年前，峙峪人所制作的一件石墨饰物提供了目前所知最早的实物例证。

在三峡地区，10万年前的长阳人遗址，几千年前的大溪、中堡岛、红花套、城背溪、关庙山等新石器时代文化遗址，从这些遗址中发现最早最多的器物便是石器。不仅有石锛、石斧、石刀、石刮器等生产生活用具、而且还有石珠、石球、石人、石兽等装饰和玩赏石品。

距今1.8万年前的山顶洞人，石器加工比较精细，

元谋人 其实是云南元谋发现的两颗牙齿化石，也是元谋人化石仅有的两件标本。简称元谋直立人或"元谋人""元谋猿人"。元谋人的生活时期是早更新世晚期，距今约170万年。

河姆渡文化 我
国长江流域下游
地区古老而多姿
的新石器文化,
第一次发现于浙
江余姚河姆渡而
命名。经测定,
它的年代为公元
前5000年至公元
前3300年。是新
石器时期母系氏
族公社时期的氏
族村落遗址,它
反映了7000年前
长江流域氏族的
生活情况。

且已经出现装饰品,如钻孔石坠、穿孔小石珠、砾石等。距今1万年前的桂林庙岩人时期,就出现了用石头制作的工艺品。庙岩人选择形状像鱼的天然石块,在一端略作修饰,做成鱼头,在另一端雕刻出鱼尾纹,使整块石头像一条鱼,增添了石的观赏魅力。

距今1万年至7000年前,桂林的甑皮岩人用小块石头穿孔作为胸饰佩戴。同时,在甑皮岩墓葬中还发现带有宗教色彩的红色赤铁矿粉末,并以此作为崇拜物撒在女性臀部上;一些男性死者身旁摆放有鹅卵石和青石板。

距今7000年前的河姆渡文化,遗存有选料和加工具有相当水准的玉玦、玉环、玉璜等各种玉器。

这些遗物充分证明,在旧石器时代晚期,原始人除了个人使用的简陋劳动工具和贴身装饰品外,还利用石头制造出了生产用品、装饰品和祭器。

距今5000年前的马家窑文化彩陶罐里,发现有已断线的砾石项链。

石,大者为山,小者为石,石是山的浓缩和升华。"土之精为石。石,气之核也。"在万物有灵的原始宗教思想支配下,山是有灵性的,石为山之局部当然也有灵性,就出现了灵石。

在内蒙古乌拉特中旗,有一

■ 石器时代砍砸器

■ 马坝人遗址石器

处被称为狩猎图的岩画，画中间一巨石耸立，两边安放着小岩石。这是氏族部落崇拜灵石的宗教场所。

人们对大山无比敬仰，以山作为神的化身，而大自然中存在一种主宰一切的神灵，神灵居住在大山之上，大山也就更加至高无上了。

泰山是大山崇拜的典型代表，是大山崇拜的载体，泰山也是中华东方崇拜信仰的典型范例。泰山是我国的神山、圣山，自古就为人们所崇敬。

石为自然生成之物，虽世间沧海桑田，天苍地老变化无常，而石头巍然屹立、坚硬、耐久不变。人类认为石头有灵，从而产生了敬仰心理，产生了石祖崇拜和有关石头的传说。

石祖崇拜是广泛存在于世界各地的一种原始信仰，它起源于远古时代，但影响颇深，至今有些民族和地区依然保留着原始崇拜的遗俗。石祖是一种崇拜形态，一般将石柱、石塔、石洞、孤立石等作为性器官的象征，成为崇礼和膜拜的对象。

石器是人类对自然石形态改变的结果，石器时代是石文化的重要实践过程，也是人类自觉地、主动地与自然抗争的过程。

石器的制造经过了由简到繁、由单一到多样，进而到定型化、艺

■ 旧石器时代石器
尖状器

女娲 是五氏之
四，我国古代神
话人物。她和伏
羲同是中华民族
的人文初祖。女
娲是一位美丽的
女神，身材像蛇
一样苗条。女娲
时代，随着人类
的繁衍增多，
社会开始动荡
了。两位英雄人
物——水神共工
氏和火神祝融
氏，在不周山大
战，结果共工氏
因为大败而怒撞
不周山，引起女
娲用五彩石补天
等一系列轰轰烈
烈的动人故事。

术化的过程。旧石器时期，石器外形
简单粗糙，多为利用天然石块或河滩
软石稍加打制用于生产。

后来随着生产的发展和所需的不
同，种类繁多的石器相继出现。

石器在材料选择上由自然石块到
普通石材，由软质石料到硬质石料，
由单一石种到多石种，由普通石种到
优质石种，直至玉石、宝石。并由重
外形到重质地、重色彩，各种优质石
种相继被发现、被应用。

可以说，石器的多功能、多样化与定型化，石料
选择由就地取材到多方寻觅，是经过长期选择和实践
的结果。同时，石器的多样化与定型化，是历经亿万
次实践而形成的最佳外观形式，这种最佳的外观形式
萌生美的雏形。

因此，石器时期是石文化的奠基阶段，是赏石文
化的实践阶段。

远古的神话传说是先民对自然山石、社会生活和
思想意识的生动反映。它积淀了一定的历史真实，并
且寄托着先民对宇宙奥秘的认识、理解和对自己命运
的追求。

它是集体创造的最初形态的原始文化意识，在文
字出现后逐渐被记录下来，虽有一定的加工和附会，
但仍能反映出朴素的原始风貌。

女娲是我国神话中创造万物的女神，她创造了人

类，是人类的始祖。"女娲补天"的神话传说，记述远古时期，当天崩地裂，人类生存受到威胁时，女娲以大无畏的精神，炼五彩石把残缺的天补起来，挽救了人类，后人因此把彩色异常之石叫作女娲石。

《南康记》记述：

> 归美山山石红丹，赫若彩绘，峨峨秀
> 上，切霄邻景，名曰女娲石。

女娲石同女娲一样，在我国历史上具有深远影响，它被认为是我国最古老的奇石，也是人间最理想的观赏石。

世界上每个民族都有其独特的地理环境，也相应有其理想的环境模式，昆仑山是我国人追求的神山仙境，它被描绘成无比高大奇特，拔地而起直上青天，是一处可望而不可即的仙境，同时又被视为西王母居住之地，很多历史文献多有记载。

《山海经·海内经》中说："昆仑之虚方八百里，高万仞，百神之所在。"《海内十州记》中将昆仑山描写得富丽辉煌："金台玉楼，相鲜如流精之阙光；碧玉之堂，琼华之室，

西王母 传说中的女神。原是掌管灾疫和刑罚的大神，后于流传过程中逐渐女性化与温和化，而成为慈祥的女神。相传西王母住在昆仑仙岛，西王母的瑶池蟠桃园种有蟠桃，食之可长生不老。西王母亦称为金母、瑶池金母、瑶池圣母、王母娘娘。西王母的称谓，始见于《山海经》，因所居昆仑山在西方，故称西王母。

■ 新石器时代工具石片

禹 姒姓，名文命，字高密，后世尊称为大禹，也称帝禹，为夏后氏首领、夏朝的第一任君王，于公元前2029年至公元前1978年在位。他是黄帝的七世孙、颛顼的五世孙。是我国传说时期与尧、舜齐名的贤圣帝王，他最卓著的功绩，就是历来被传颂的治理滔天洪水，又划定我国国土为九州。

紫翠丹房，锦云烛日，朱霞九光，西王母之所治也，真官仙灵之所宗。"

此外，先秦古书《穆天子传》则细致描绘了周穆王驾八骏渡沙漠，万里西游至昆仑，与西王母瑶池欢宴的盛况。这些神奇的神话传说，自然引起人们的极度憧憬。

小者为石，大者为山，因此昆仑山也就成为远古时期最伟大的奇石。

随着社会的进步，灵石由神秘化进而人格化，被人类崇拜祭祀。如关于"禹生于石""启母石"的传说，就是原始灵石崇拜的写照，传说将灵石人格化并将石赋予母性的特征。

《淮南子·修务训》："禹生于石。"《随巢子》："禹产于昆石。"明确提出禹是昆石所生。在《遁甲开山图》中记述禹是其母女狄"得石子如珠，爱而吞之"，感石受孕而生。二者都反映一个事实，禹因石而生，石是禹产生的根本。

禹不仅生于石，而且还是社神。《淮南户·汜论篇》记载："禹劳天下，死而为社。"认为禹是社神，是"名山川的主神"。《书·吕刑》记载："禹

■ 新石器时代工具石器

平水土，主名山川。"

河南嵩山南坡有一巨石，高十余米，相传即为启母石。有文记载"古代神话谓禹娶涂山氏女生启，母化为石"。灵石非但有灵，还具有生育能力。大禹由灵石所生，而我国第一个王朝统治者夏启，也是石头所生，"石破北方而生启"，夏启之母涂山氏也由人变成石头，而石头又生了启。

■ 河南登封启母阙启母石

禹、夏启、涂山氏3人的生存均与石头息息相关，组成一个由灵石衍生出来的家庭，最典型最生动地反映出夏代对灵石的敬仰和神化。

人和石具有不解之缘，人类的祖先是石头所生，那么人类也就成了灵石的后代，人和石从远古就结合在一起，所以对石头的信仰和崇拜也就在情理之中了，对灵石崇拜的礼俗也应运而生。这一切为我国赏

■ 石矛矛头石器

鼎 是我国青铜文化的代表。鼎在古代被视为立国重器，是国家和权力的象征。鼎本来是古代的烹饪之器，相当于现在的锅，用以炖煮和盛放鱼肉。自从有了禹铸九鼎的传说，鼎就从一般的炊器发展为传国重器。一般来说鼎有三足的圆鼎和四足的方鼎两类，又可分有盖的和无盖的两种。有一种成组的鼎，形制由大到小，成为一列，称为列鼎。

石文化的产生，从实践和理论上创造了前提条件。

夏朝划分九州，铸九鼎，产生文字，标志着我国进入了文明社会。

《左传》记载："茫茫禹迹，画为九州。"夏将全国划分为九州，设九牧以统治国民。夏王朝的建立，揭开了我国历史新篇章，开创了中华民族文明历史。

夏、商、周诸氏族相继崛起，先后完成了从部族到民族的发展，并相互影响，相互融合成为汉民族文化的基础。而以汉民族为中心的中华民族大家庭，又为传统文化奠定了坚实的基础。

相传"禹铸九鼎"，并把国家大事铸在上面。《汉书·郊祀志》记载："禹收九牧之金，铸九鼎，像九州。"禹在九鼎的鼎面上，分别铭刻着天下9个州的山川草木、禽兽的图像。

奇异的观赏石在典籍中的最早记载应推《尚书》，其中列举九州上贡的物品，青州有"铅松怪石"，徐州为"泗水浮磬"。在《尚书译注》中称怪石为怪异、美好如玉的石头，产自泰山。

《尚书·禹贡》记载："岱丝、枲铅、怪石。"《名物大典》上记载"泗水浮磬"即磬石。孔安国《尚书·传》记载："泗水涯水中见石，可以为磐。"《枸橼篇》记载:"泗水之滨多美石。"

磬在远古时期也称作"鸣石"或"鸣球",《尔雅·释乐》记载:"大磬谓之磬。"《尚书·益稷》记载:"戛击鸣球""击石拊石,百兽率舞。"

记述先人化装后模仿自然界各种鸟兽的形象和动作在击石拊石的节奏声中,"手之舞之,足之蹈之",追逐嬉戏的生动场面。

夏代青铜器的出现,说明人类已经跨入文明社会的门槛。洛阳二里头文化遗址被确认为夏王朝的都城遗址。二里头遗址修建十分豪华,四壁文采斐然,并嵌以宝玉,其间还堆放着青铜、美玉、雕石等,其中有一件镶嵌绿松石铜牌,制作精美,镶嵌技术熟练,是件艺术精品。

此外,在南京北阴阳营新石器时代墓葬中发现大

绿松石 因其形似松球且色近松绿而得名。古人称其为"碧甸子""青琅玕"等,据推论,我国历史上著名的和氏璧即绿松石所制。清代称之为天国宝石,视为吉祥幸福的圣物。此外,绿松石碎屑可以作颜料。藏医还将绿松石用作药品。

■ 新时器时期石器

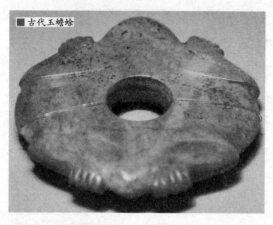
■古代玉蟾蜍

量磨制精细的石器工具，如石铲、石斧和石刀等。

除石器以外，还有玉器、玛瑙与绿松石等装饰品，说明绿松石、玛瑙已被广泛运用。

南京还在夏代遗址发现76枚天然花石子，即雨花石，分别被随葬在许多墓葬中，每个墓中放1—3枚雨花石子不等，有的雨花石子放在死者口中。这是已知关于雨花石文化的最早实证，证明在新石器晚期的夏商时期，赏石文化已初步形成。

灵石信仰是自然崇拜的一种形式，虽然历经社会动荡和不同民族习俗及文化的碰撞与融合，形式发生变化，同时也加上不同时代的印记，但人们的崇敬心态还是一脉相承，并演变为对灵石的各式崇拜、众多礼拜仪式和遗俗。

在《山海经》这部我国古代最早的神话总汇中，有记述仰韶文化的神话。书中记述了大量先秦时期华夏美石、奇石、采石、文石、泰山玉石、乐石、蚨石、冷石等石种，同时还大量记述了各地山神。

阅读链接

在人类文明史上，每个社会形态的文明都必须借鉴和吸收以前社会形态所创造的一切文明成果，只有如此，社会方有新的创造和进步。赏石文化也是经过了这样的传承方式。

赏石是在长期的生产劳动中逐渐形成的，起初重视实用性，渐渐发展到重视色彩、质地，进而发展成为装饰品和饰物，成为审美对象。

原始人类已经自觉或不自觉地用美丽的小石子作为装饰物，虽处于萌芽状态，但已成为赏石文化的早期行为。

商代崇玉之风开启赏石之门

我国赏石文化，最早是在园林中得以实践，苑内筑丘、设台、布置山石。

《史记·殷本纪》中记载：

> 益收狗马奇物，充韧宫室，益广沙立苑台，多取野兽蜚鸟置其中……乐戏于沙丘。

我国园林最初的形态称为"囿"，即起源于殷商时期。囿最初是

■虎纹石磬

殷墟 我国商朝后期都城遗址，是我国历史上被证实的第一个都城，位于河南省安阳市殷都区小屯村周围，横跨洹河两岸，殷墟王陵遗址与殷墟宫殿宗庙遗址、洹北商城遗址等共同组成了规模宏大、气势恢宏的殷墟遗址。商代从盘庚到帝辛，在此建都达273年。

天下奇石

赏石文化与艺术特色

帝王放养禽兽，以供畋猎取乐和欣赏自然界动物生活的一个审美享乐场所。

先秦由于经济的发展，生产资料有了剩余，猎取的一些动物，能成活的，便圈起来人工饲养，以后随范围扩大和种类的增多，渐渐发展成为园林的雏形。

除园林石外，这时最早开发出了观赏石中的灵璧石。灵璧石主要产自于安徽灵璧县，远在3000年前，就已经被确认为制磬的最佳石料，并且对其进行开采和利用。从殷墟中发现的商代"虎纹石磬"就是实物的佐证。

这面"虎纹石磬"原是殷王室使用的典礼重器，横长84厘米，纵高42厘米，厚2.5厘米，石磬正面刻有雄健威猛的虎纹，可称为商代磬中之王。

虎纹石磬发现于殷墟武官村大墓，是形体最大的商磬。它表面雕刻的虎形纹造型优美，刀法纯熟，线条流畅，薄薄的石片表面，一只老虎怒目圆睁，虎尾上扬，虎口扩张，尖尖的獠牙清晰可辨，老虎身躯呈

■ 古代石磬

■ 商代晚期的龙纹
石磬

匍匐状，做出猛虎扑食的架势。

据测定，该磬有5个音阶，可演奏不同乐曲，轻轻敲击，即可发出悠扬清越的音响。

石磬在商代是重要的礼乐之器，商人用以祭天地山川和列祖列宗。《尚书·益稷篇》载："击石拊石，百兽率舞"，即是表述先民敲击石磬，举行大型宗教舞蹈的场景。

磬的形制又分为单悬的特磬与成组使用的编磬，它们不仅在数量上有区别，而且其质地也在使用中有严格的规范。祭天地山川，使用石磬，祭列祖列宗，则敲击玉磬。

后来又规定，只有王宫的乐坛上才可以悬击石磬。诸侯如胆敢悬击石磬，那就是僭越，是大逆不道的行为。在王室还设有磬师，专门教授击磬之道。

这件虎纹石磬，是单悬的特磬，以青色灵璧大理石精心磨雕，在发现这件石磬的西侧有女性骨架24具，可能是殉葬的乐工。

殷墟中有许多件商代石磬，妇好墓中就有5件长条形石磬，制作比较精细，磬身上分别刻有文字和鸮纹，其中有3件，均为白色，泥质灰岩，形亦相近，

妇好 商朝国王武丁的妻子，我国历史上有据可查的第一位女性军事统帅，同时也是一位杰出的女政治家。她不仅能够率领军队东征西讨为武丁拓展疆土，而且还主持着武丁朝的各种祭祀活动。因此武丁十分喜欢她，她去世后武丁悲痛不已，追谥曰"辛"，商朝后人尊称她为"母辛""后母辛"。

可能是一套编磬。

妇好为商王武丁之妻，其墓位于安阳小屯，里面有铜器、石器、玉器、骨器、陶器等多达一千余件。尤其玉器品类繁多，玉器制造精美绝伦，集古玉器艺术之大成，象牙杯通体雕刻，并镶嵌有绿松石，是古代雕刻与镶嵌精品，同时已出现了专门从事玉器生产的人员，称为"玉人"。

进入商代，作为赏石文化的先导和前奏，赏玉活动就已经十分普及了。据史料载：周武王伐纣时曾"得旧宝石万四千，佩玉亿有万八"。

而《山海经》和《轩辕黄帝传》则进一步指出：黄帝乃我国之"首用玉者，黄帝之时以玉为兵"。舜曾把一块天然墨玉制成玄圭送给禹。

玉器收藏，最晚始于夏商时期。由于玉产量太少而又十分珍贵，故以"美石"代之，自在情理之中。

因此，我国赏石文化最初实为赏玉文化的衍生与发展。《说文》道："玉，石之美者"，这就把玉也归为石之一类了。于是奇石、怪石后来也常跻身宝玉之列而成了颇具地方特色的上贡物品。

妇好墓中玉器的原料，大部分是新疆玉，只有3件嘴形器，质地近

■妇好墓玉琮

似岫岩玉，一件玉戈可能是独山玉，另有少数板岩和大理岩。

■ 妇好墓玉龙

这说明商王室用玉以新疆和田玉为主体，有别于近畿其他贵族和各方国首领所用的玉器，从而结束了我国古代长达两三千年用彩石玉器的阶段。

妇好墓玉器的玉色以深浅不等的青玉为主，白玉、黄玉墨玉极少。除王室玉之外，还有来自地方方国的玉器，如有的刻铭说明是来自"卢方"的，这反映了商王室玉和方国玉器的工艺特色。

琢玉技巧有阴线、阳线、平面、凹面、立体等手法，在一件玉器上往往有多种琢法，图案的体面处理也有变化。

妇好墓玉器的新器型有簋盘纺轮、梳、耳勺、虎、象、熊、鹿、猴、马、牛、狗、兔、羊头、鹤、鹰、鸥、鹦鹉、鸽、燕雏、鸬鹚、鹅、鸭、螳螂、龙凤双体、凤、怪鸟、怪兽以及各式人物形象等，其中有些器型尚属罕见。

妇好墓玉器的艺术特点不仅继承了原始社会的艺术传统，而且依据现实生活又有所创新，如玉龙继承了红山文化的玉龙，仍属蛇身龙系统而又有变化，头更大，角、目、口、齿更突出，身施菱形鳞纹，昂首张口，身躯卷曲，似欲腾空，形体趋于完善。

龙凤 一种典型的古代吉祥搭配，描绘龙与凤相对飞舞的画面，龙为鳞虫之长，凤为百鸟之王，都是祥瑞之物。龙凤相配便呈吉祥，习称"龙凤呈祥"。凤和龙虽然都是祥瑞之物，但二者的形象和内涵截然不同。龙给人威严而神秘，不可亲近，只可敬畏；凤象征着和美，安宁和幸福，乃至爱情，让人感到温馨、亲近、安全。

妇好墓出土的玉人

玉凤是商代的新创形式，高冠勾喙，短翅长尾，飘逸洒脱，与玉龙形成对照。玉龙、玉凤和龙凤相叠等玉雕的产生可能与巫术有关。玉象、玉虎等动物玉雕来自生活，用夸张概括的象征性手法准确地体现了动物的个性，如象的驯服温顺，虎的凶猛灵活等。

玉人是妇好墓玉器中最为珍贵的部分，如绝品跪形玉人，头戴圆箍形，前连接一筒饰，身穿交领长袍，下缘至足踝，双手抚膝跪坐，腰系宽带，腹前悬长条"蔽"，两肩饰臣字目的动物纹，右腿饰S形蛇纹，面庞狭长，细眉大眼，宽鼻小口，表情肃穆。其身份是墓主人妇好还是贵妇，难以确辨。

无论是玉禽、玉兽还是玉人，均为正面或侧面的造型，这是妇好墓玉雕乃至整个商代玉器的共同特点，也反映了商代以品玉为特色的赏石文化，从而为后世丰富多彩的赏石文化开了先河。

阅读链接

商朝时期为后世留下了丰富的遗物，为我国赏石文化的发生和发展提供了有力的物证，弥补了先秦文献记载之不足。

玉器时代是石器时代的进步和发展，也是石头制作技术和石头应用的全面总结和实践，并且在此基础上创造出了光辉的玉石文化。

玉器时代又是赏石文化的起始，并为赏石文化的产生和发展提供了全套的技术。

春秋战国赏石文化的缓慢发展

进入周朝时期，除了玉器在继承殷商玉器技艺方面发展的同时，以自然奇石为对象的活动方面也有所进步。

我国历史上有文字记载的这方面的事件，可以追溯到3000多年前的春秋时期。据《阚子》载："宋之愚人，得燕石于梧台之东，归而藏之，以为大宝，周客闻而现焉。"

卞和抱璞雕像

阚子由此可以算作我国最早的石迷，也可称为奇石收藏家，相传他得燕石于梧台。梧台，即梧宫之台，在山东临淄齐国故都西北。

《太平御览》中对这件事作了较详细的记述，

春秋时期 我国历史阶段之一。自公元前770年至公元前476年，我国儒家文化的创始人孔子曾经编了一部记载当时鲁国历史的史书名叫《春秋》，而这部史书中记载的时间跨度与构成一个历史阶段的春秋时期大体相当，所以后人就将这一历史阶段称为春秋时期，基本上是东周的前半期。

阉子得了一块燕石，视为珍宝，便用帛包了10层，放在一个里外有10层的华美箱子里。

但是，由于审美观点不同，人们对同一燕石给出了不同评价，真可谓仁者见仁，智者见智。

通过这亦庄亦谐的故事，说明先秦时期民间已有怪石的收藏活动。

春秋时期，楚国也出现了一位极为著名的奇石收藏家，就是卞和。有一次，他在荆山脚下发现一块十分珍奇的"落凤石"，于是拿去献给楚王，雕琢成"价值连城"的"和氏璧"，并经历了10个朝代、130多位帝王、1620余年，创造了奇石收藏时间最长的世界纪录。

韩非子是战国时期的哲学家，他在《韩非子·和氏》中记述了和氏璧的传奇历史：春秋时期，楚国采玉人卞和在楚山采到一块璞玉赏石，先后献给楚厉王和楚武王，但二人均无识宝之慧眼和容人之胸怀，反而轻信小人之言，颠倒是非。卞和被诬为欺君，砍去了双脚。

但是，卞和不屈不挠，当楚文王即位时再度献宝。精诚所至，金石为开，玉人理璞而得宝石，遂命名为和氏璧。

韩非子认为和氏璧之珍贵，是由其本质特征所

■春秋战国玉器

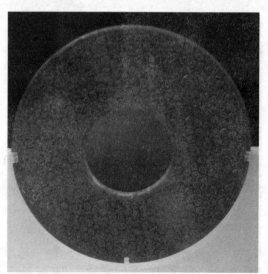

■ 春秋玉器

决定的，贵在天然，"和氏之璧不饰于五彩，隋侯之珠不饰以银黄，其质至美"。

一块宝石历3位君王，废卞和二足方被人认识和接受，它的出世可称为世界之奇，同时和氏璧也触发了众多历史事件。如秦王愿以十五座城池换取和氏璧，引出了蔺相如"完璧归赵"的故事。

后来秦始皇统一中国，得和氏璧，命玉工孙寿将丞相李斯手书"受命于天，既寿永昌"8个鸟虫形篆字镌刻其上，始成国玺，并雕成"方四寸兽纽，上交五蟠螭"。

春秋之际，各国王侯为娱乐享受，竞相经营宫苑，争奇斗胜，吴王夫差筑"姑苏台"，《说苑》："楚庄王筑层台延石千重，延壤百里。"足见当时园林已粗具规模，并且院内有地形起伏变化和山石、奇物、鸟兽、层台等。

这时，还产生了我国最早的一部诗歌总集《诗经》，不仅在文学艺术，而且在赏石文化方面也具有重要价值。《诗经》记述了先人对美石的歌颂和以石为信物、以石为礼品相互赠送的情景。

秦国士子交往"投我以木瓜，报之以琼瑶"。琼瑶也是美石，已

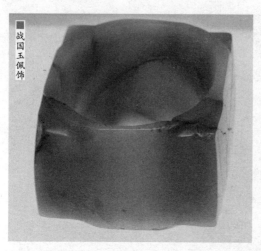
战国玉佩饰

作为士子间的礼品。《诗经·栖舟》："我心匪石，不可转也，我心匪席，不可卷也。"以石托物明志。

在历史的长河中，道家与儒家对我国赏石文化具有深远影响。道家崇尚自然，无为而治的思想和儒家的仁义道德思想，都可归于天人合一的思想。天即大自然，人们由畏天到敬天，进而达到与自然的和谐统一，天人合一。

出生在三峡岸边的战国诗人屈原，也是一位奇石爱好者，在他那光照日月的诗篇中，多处写到奇石。他的帽子上嵌着明月宝璐，衣服上佩着昆仑玉英；乘的龙车是用玉石做的轮子；带的干粮是用玉石磨的精粉；在汨罗殉国时，也是抱石而投江的。

此外，他还以巫峡山顶那块奇石"神女"为象征，塑造了一位盼望情郎的美女山鬼。战国齐国孟尝君"以币求之"，以美石分给"诸庙以为磬"。

天下奇石

赏石文化与艺术特色

阅读链接

公元前206年，汉高祖刘邦得到和氏璧而使其成为传国之宝。《录异记》："岁星之精，坠入荆山，化而为玉，侧而视之色碧，正而视之色白。"

和氏璧是块宝石还是块玉石自古说法不一，据近代学者分析，有的认为是蜡长石，有的认为是月光石，尽管不能定论，这历史之谜有待于人们探讨研究，但是2400年前和氏璧的出现，对于宝石、玉石和赏石文化的认识和应用，无疑具有巨大的推动作用，并对后代的赏石文化产生了巨大影响。

秦汉魏晋时期

秦始皇建"阿房宫"和其他一些行宫，以及汉代"上林苑"中点缀的景石颇多。即使在东汉及三国、魏晋南北朝时期，一些达官贵人的深宅大院都很注意置石造景。

东汉巨富、大将军梁冀的"梁园"和东晋顾辟疆的私人宅苑都曾收罗奇峰怪石。

南朝建康同泰寺前的3块景石，还被赐以三品官衔，俗称"三品石"。南齐文惠太子在建康造"玄圃"，其"楼、观、塔、宇，多聚异石，妙极山水"。

秦代封禅造景开赏石之风

　　随着社会的发展，人们对自然的认识也日益深化，原来作为自然崇拜的某些对象，渐渐被赋予某些社会属性，使自然神演化为人格神，如山神、日神等。以后又进一步被王权者宣扬、利用，而成为真正的宗教形式。

　　秦朝建立之后，秦始皇幻想使江山永固，又想长生不老，永享人间富贵荣华，所以神灵、长生不老药，对他具有强烈的诱惑力。

■巨型泰山石

■ 秦始皇封禅泰山浮雕

他不辞跋涉之苦到全国各地巡狩名山大川，访道问仙，登峄山、琅琊山、成山头、芝罘蓬莱等，并封禅泰山，宣示功德。

海上仙山，是一个最美好的理想境界，由于方士的渲染，给它涂上了一层虚幻、奇妙和神秘的色彩，为历代人们执着追求。海市蜃楼和蓬莱三仙山，则成为我国传统神话中仙岛、仙域景观的典型代表。

秦朝以来，方士盛行，他们迎合秦始皇的迷信心理，极力鼓吹仙山之说，方士徐市，即徐福，他终于凭借三寸不烂之舌，以长生不老药为诱饵，说服了秦始皇。

秦始皇派徐福入海寻找仙山神仙，但是如泥牛入海，徐福一去不返。而庙岛群岛的奇丽景色，却真有仙山之风貌。复杂的地质构造和地貌形态，孕育了丰富多彩的海边奇景。

秦始皇（前259—前210），嬴政，嬴姓赵氏，故又称赵政，我国历史上著名的政治家、战略家、改革家，首位完成全国统一的皇帝，建立皇帝制度，中央实施三公九卿，地方废除分封制，代以郡县制，统一度量衡，把我国推向了大一统时代，对我国和世界历史产生了深远影响，被誉为"千古一帝"。

■ 泰山石玉女布浴

北宋沈括《梦溪笔谈》对此作了生动描绘："登州海中时有云气，为宫室、台观、城堞人物，车马冠盖，历历可睹，谓之'海市'。"

海市是一种自然现象，是一种幻景。当天气晴朗之时，天上飘浮着白云，海风微微吹拂，风和日丽波浪不惊，朦朦胧胧的海面上，忽然出现群峰耸立，阁楼隐现，有葱郁苍翠的大山，也有道路、小桥、小岛，亦有城市和车水马龙的街道……虚无缥缈，忽隐忽现，刹那间又自然消失，"真神仙所宅也"。

庙岛群岛不仅有海市奇观，其海蚀地貌造成的奇石景观也十分奇特迷人。奇峰怪石或雄浑粗犷，或古朴清幽，或玲珑剔透，有的突兀群聚，有的孑然孤立，有的像宝塔挺拔，有的像宝剑直插云霄，还有的像雄狮，有的像玉女，栩栩如生，八韵各具。

山岳崇拜是自然崇拜中最集中、最典型的崇拜之一，远古时期，山不仅是神的象征，也是神仙的居所，还是通天之径。

山岳崇拜伴随着天地崇拜而来，对大山的崇拜最初为在山上祭天，这时还属于自然崇拜范畴。后期则发展为人化自然，增加了浓厚的政治色彩。

封禅 封为"祭天"，禅为"祭地"，是指中国古代帝王在太平盛世或天降祥瑞之时的祭祀天地的大型典礼。远古暨夏商周三代，已有封禅的传说。古人认为群山中泰山最高，为"天下第一山"，因此人间的帝王应到最高的泰山去祭过天帝，才算受命于天。

远古先民对大山的崇拜，转变为自然神灵崇拜，也就是原始宗教信仰。封禅是泰山赏石文化中独有的现象，它起源于大山崇拜。

泰山自古被视为神山、圣山，成为天的象征和大山崇拜的典型代表，具有至高无上的形象。泰山封禅已成为一种具有象征意义的人文肯定。

然而唯泰山为五岳之宗，由于泰山雄伟高大，雄峙东方，被视为通天拔地与日月同辉，与天地共存。更以其数千年精神文化的渗透及人文景观的烘托，成为中华民族精神的缩影。汉武帝面对泰山，佩服得五体投地，赞道："大矣、特矣、壮矣、赫矣、骇矣，惑矣。"

经过神化的泰山成为古老昌盛的民族象征，也是中华民族精神的体现，是大好河山的代表，是大山崇拜的典型化和具体化。封禅活动也成了一种旷世大典。

从以上不难看出，对泰山崇拜真可谓到了无以复加的地步，这在世界赏石、供石史中也是空前绝后的。

碧霞元君又称泰山玉女，俗称泰山老母、泰山奶奶。按道家之说，男子得仙称真人，女子得仙称元君。

《岱览》记载，秦始皇封泰山时，丞相李斯在岱顶发现了一尊女石像，遂称为"泰山

泰山石

■泰山无字碑

姥姥"，并进行了祭奠。

后世宋真宗东封时，因疏浚山顶泉池发现损伤了的石雕少女神像，遂令皇城使刘承硅更换为玉石像，封为"天仙玉女碧霞元君"，泉池则称为玉女池。

不难看出，碧霞元君是源于一个象形石，因怪石酷似女子，便以其形而赋予神女的内涵，并命名为"神州姥姥"，以后又进一步神化，赋予灵性，进行祭奠。

无字碑是我国最古老的巨型立石，立于岱顶之上。此石为一长方体，下宽上窄，四边稍有抹角，上承以方顶，中凸，高6米，宽约1.2米，顶盖石与柱石皆为花岗石，石柱下无榫，直接下侵于自然石穴内，无基座，无装饰，通体五色彩，无文字，粗犷浑厚。

明代张岱《岱志》中说："泰山元气浑厚，绝不以玲珑小巧示人。"无字碑的造型质朴厚重，是泰山精神的象征。同时，以巨大的山石为美，也体现出当时在山石的欣赏上，不是崇尚玲珑剔透，而是以大为美，以壮为美，以阳刚为美的审美观点。它是我国现存最古老的一块巨形立石，也是我国立石的鼻祖。

李斯（约前284—前208），秦朝丞相，著名的政治家、文学家和书法家，协助秦始皇统一天下。秦统一之后，参与制定了秦朝的法律和完善了秦朝的制度，力排众议主张实行郡县制、废除分封制，提出并且主持了文字、车轨、货币、度量衡的统一。

我国传统园林中的置石，就是源于秦汉的立石形式。就内容而言，由规正石转变为自然石，以观赏为主，突出自然之美。

汉武帝刘彻于公元前110年至前89年，曾先后8次去泰山，也曾在岱顶立石。

传说汉武帝登泰山时带回4块泰山石，置未央宫的四角以辟邪。泰山被认为有保佑国家的神功，因此泰山的石头就被认为有保佑家庭的神灵。

后来泰山石被人格化，姓石名敢当，又称石将军，后来还发展出了雕刻有人像的石敢当。"石敢当"神并无具体形象，只是以石碑、石条刻上"泰山石敢当"5字，立于交通要冲，或于道转角处，或立于道旁或嵌于墙壁，以驱邪镇妖。

自秦代开始，由于皇帝不断巡视天下名山，多次登泰山，封禅，祭天告天，并立石刻石，以记其功德。文人学士也喜欢游山玩水，登高，因而留下了琳琅满目的碑碣、摩崖石刻，成为中华赏石文化的重要组成部分。

石鼓文系唐初在陕西陈仓发现的秦代石刻，称为我国"石刻之祖"，习称石鼓实为石碣，已有2700多年。

秦始皇统一中国后，多

■泰山石敢当

石敢当 又称泰山石敢当，立于街巷之中，特别是丁字路口等路冲处被称为凶位的墙上。石碑上刻有"石敢当"或"泰山石敢当"的文字，在碑额上还有狮首、虎首等浅浮雕。后来被人格化，从而发展出了雕刻有人像的石敢当。

次巡视名山，留下众多刻石，除泰山外，还有峄山、琅琊、芝罘、东观等。秦立石、刻石，并由立石刻字演化为碑。这些石刻艺术品是文化珍品，是天然书法展览，极大地丰富了石文化的内容。

秦朝时，随着经济日趋繁荣，造园业得到发展，久居城里因不能享受大自然的景致，便在苑中堆山叠石，再现自然景观。

上林苑为秦旧苑，公元前212年秦始皇营建朝宫于苑中，阿房宫即其前殿。后又扩建，周围达100多千米，有离宫70所。苑中放养许多禽兽，以供皇帝射猎。

当时的富豪的"花园"等，也都是构石为山，高十余丈，有的甚至连绵数里形成山石奇观。

这些点缀的孤赏石和假山，不仅再现了大自然的景观，也使人们崇尚自然的要求得到满足。

阅读链接

秦汉是封建社会政治稳定、经济发达的时期，也是我国赏石文化由自然崇拜向自然神灵转变的时期，赏石除自然属性外又被赋予一定的社会属性。

同时，由于海市蜃楼的神秘莫测，引起了人们对仙山灵药的追求，致使海上仙山被定为一个理想的仙境，并在园林中可以追求，通过堆山叠石、模拟、浓缩，再现海上仙山的自然奇观，这样也为我国传统自然山水园林奠定了基础。

一池三山的园林构图形式在我国逐步形成，赏石文化也成为园林中一项专门的艺术，形成专门学科，奇石作为艺术品在园林中被广泛应用。

汉代首开供石文化之先河

　　到了汉代，我国的赏石文化在秦代基础上又得到很大发展。

　　汉武帝时扩建秦代的宫囿，在长安建章宫内挖太液池，池中作蓬莱三仙山。自秦汉以来，对海上仙山的追求在我国园林中影响很大，一池三山的布局手法已成为传统园林特色，并历代相沿成习。

　　随着大量宫苑的修建，大理石这种建筑材料也被世人所认识，大理石主要用于加工成各种形材、板材，作建筑物的墙面、地面、台、柱，还常用于纪念性建筑物如碑、塔、雕像等的材料。

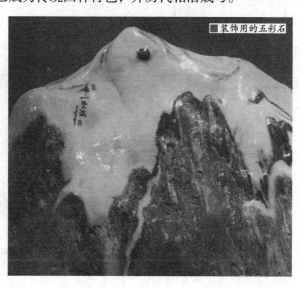

■ 装饰用的五彩石

大理石还可以雕刻成工艺美术品、灯具、器皿等实用艺术品。但除了建筑之外，大理石还是很好的观赏石。

大理石原指产于云南省大理的白色带有黑色花纹的石灰岩，剖面可以形成一幅天然的水墨山水画，古代常选取具有成型的花纹的大理石用来制作画屏或镶嵌画，后来大理石这个名称逐渐发展成称呼一切有各种颜色花纹的，用来做建筑装饰材料的石灰岩，如"灵璧大理石"等。而白色大理石一般称为汉白玉。

在我国，大理石主要有以下几种：

云石，就是大理当地所产之石。点苍山的云石质地优良，花纹美观绮丽。在白色或淡灰色的底色上，由深灰、灰、褐、淡黄、土黄等色彩自然形成山水画，最佳者竟然如大画家所绘成一样。

《万石斋大理石谱》中曾说："此石之纹，色备五彩……尤奇者更能幻出世间无穷景物。令人不可思议。略别之可得六种：（一）山水，（二）仙佛，（三）人物，（四）花卉，（五）鸟兽，（六）鳞介。"可见云石之奇不在雨花石之下。

而且云石可大可小，就势取材，选择余地更大。后世徐霞客甚至认为立石纹画之奇"从此丹青一家皆为俗笔，而画苑可废矣"。

■ 大理石树叶

观赏用大理石，一般可制成围屏、屏风、插屏、挂屏等，以优质硬木如紫檀、花梨、红木制成相应之框架或插卒，嵌石其中，以便于保护及观赏。

■ 蛇纹石化大理岩

一种蛇纹石化大理岩被称为东北绿，是很好的雕刻原料。东北绿底色白，布满密密浅绿色的蛇纹石，磨光后呈现美艳的油脂状的橄榄绿色。纹色佳者亦是观赏佳石。

贵州还有一种叫曲纹玉的乳黄色的大理岩，抛光后可见在淡淡的乳黄底色上，分布着深黄色条纹和晶粒组成的不规则弯曲条纹。

上行下效，一些达官贵人的深宅大院和宫观寺院也都很注意置石造景、寄情物外。如东汉巨富、大将军梁冀的"梁园"中曾大量收罗奇峰怪石。

"汉初三杰"之一留侯张良，在济北谷城山下发现一块黄石，十分珍爱。他生前虔诚供奉它，死后同黄石一同入葬。后人节令祭扫，祭张良，也祭黄石。

张良对黄石的热爱真是到了痴迷的程度。黄石据说是仙人的化身，当初在下邳圯向张良赠送《太公兵书》的老翁，以后变为黄石，这就增加了其神奇色彩。

传说当年张良行刺秦始皇失败后，逃匿到下邳，

屏风 古时建筑物内部挡风用的一种家具，所谓"屏其风也"。屏风作为传统家具的重要组成部分，由来已久。屏风一般陈设于室内的显著位置，起到分隔、美化、挡风、协调等作用。它与古典家具相互辉映，相得益彰，浑然一体，成为家居装饰不可分割的整体，而呈现出一种和谐之美、宁静之美。

张良（约前250—前186），字子房，汉高祖刘邦的重要谋臣，与韩信、萧何并列为"汉初三杰"。他以出色的智谋，协助汉高祖刘邦在楚汉战争中最终夺得天下，被封为留侯。他精通黄老之道。不留恋权位，晚年据说跟随赤松子云游。

一天，他觉得烦闷，就信步从白门走出来，到城东南一带闲游。他走上小沂水河岸，只见清澈的河水向南流去，于是就坐在桥头上休息片刻。

过了一会儿，张良看见一个老人，从桥西头步履蹒跚地走来。老人走到张良休息的地方，不料一只鞋子落到桥塥下去了。这时，张良听到老人喊他："孩子！下去把鞋子给我拾来！"

张良一听，心里觉得老人无理，就有些不高兴。他慢慢地抬头一看，只见老人须发皆白，张良再仔细观察，暗想老人可能脚步不济，也就不再计较，给老人拾鞋去了。

张良捡回鞋子送给老人，老人却把脚一伸说："给我穿上吧！"

张良一听真火了，刚想把鞋子扔了，哪知老人身子一歪，倒在地上。

张良又有些不忍，忙扶起老人。干脆就帮人帮到底吧，于是他一条腿跪着，把鞋给老人穿上。

还没等张良起来，老人却转身走了。张良见这个古怪老头前前后后如此无理，心中倒纳闷起来：他从哪儿来？又到哪儿去？我倒要看

■ 大理石插屏

个究竟，于是他随着老人走了一段路。

老人见张良跟来了，便停下来说："看来，你这孩子还是可以教育的，5天以后，在这里再见面。"

张良顿时觉得这个老人不是一般的凡夫俗子，立即向前施礼道："谨遵教诲。"

说罢，二人分手，老人继续西行。张良回下邳去了。

5天后，张良到了原来与老人相会的地方，不料老人早已到了。

老人生气道："跟长辈相约，你却失约。再等5天来吧！"

又过了5天，张良听到雄鸡刚叫就起身了，想不到老人又在那里等着他了。老人叫张良再过5天再来。

张良好容易又等了5天，还没到半夜，就赶到那里。一会儿，老人也来了，背后还背着一捆书简。

张良忙上前把书简接了下来，老人嘱咐张良道："熟读这些书，就可以做帝王之师。13年后，到济北谷城山找我，山下有块黄石，那就是我。"

■ 怪异的奇石

东方朔 （前154—前93），本姓张，字曼倩，西汉著名词赋家、文学家，在政治方面仕途也颇具天赋，他曾言政治得失，陈农战强国之计，但不得重用。东方朔一生著述甚丰，写有《答客难》《非有先生论》，后人整理汇编为《东方太中集》。

老人把书简交给张良就走了。

张良拜别老人，回到下邳，把书简打开一看，见语多名贵，便精心熟读。后来他辅助刘邦，兴汉灭楚，运筹帷幄，决战千里，多得力于这部书。

13年后，张良随从汉高帝到济北，果然见谷城山脚下有一块黄石。据说，张良死后，就用这块黄石与老人给他的那部书来殉葬。

据《史记·留侯世家》记述：

子房始所见下邳圯上父老与《太公兵书》者，后十三年从高帝过济北，果见谷城山下黄石，取而葆祠之，留侯死，并葬黄石冢，每上冢伏蜡，祠黄石。

公元前2世纪，西汉张骞去西域，探明了亚洲内陆交通，沟通了东西方文化和经济联系，开辟了丝绸之路，并从西域带来玉石、石榴等特产。

相传张骞在天河畔发现一怪石，便捡了回来，让东方朔欣赏。东方朔十分聪慧，幽默地对张骞说，这不是天上织女的支机石吗？怎么会被你捡到？

这块"支机石"高2米多，宽约0.8米，头小底大，状似梭子，传说就是牛郎织女用来支撑织布机的基石。

将怪石视为天上仙女之物，那自然也是具有灵性的神石了。支机石由此身价倍增，成为珍品。

《蜀中广记》则用一个传说对此做了解释：

张骞出使西域大夏时，乘木筏经过一条能通海天的大河流，无意间到达一宫殿，看见一女子在织锦，她的丈夫牵着牛饮水，就问他们："请问这里是什么地方？"

那女子说："这里不是人间，你是怎么来的？"

张骞说了来的经过，并一再追问此地情况，那女子没有直接回答，只是指着身边一块大石说，你把它带回成都，交给一个叫严君平的人，他就会告诉你详情。

后来张骞果然回到成都并找到了严君平，得知严君平是西汉著名星相家，便将事情经过告诉严君平。

严君平听了后非

张骞（约前16—前114），汉族，字子文，汉中郡城固人，我国汉代卓越的探险家、旅行家与外交家，对丝绸之路的开拓有重大的贡献。开拓汉朝通往西域的南北道路，并从西域诸国引进了汗血马、葡萄、苜蓿、石榴、胡麻等。

■汉代石柱础

天下奇石

赏石文化与艺术特色

常惊讶，他告诉张骞："这块石头名叫支机石，是天上织女用来支撑织布机的。"

接着恍然大悟地说："怪不得八月份那天我观星相时，发现一个客星牛郎织女星座，原来就是你乘槎到了日月之旁！"

两人都觉非常诧异。这块支机石就一直放在成都，那条街道以后就叫"支机石街"。成都的"君平街"相传就是当年严君平的住地。

张良供奉的黄石和张骞带回的支机石，开我国供石之先河。这就说明，到了汉代，我国赏石文化已进入了发展时期。

阅读链接

张骞的支机石传说只能当神话来看，但是这块不平凡的石头究竟是怎么来的，考古学家也没有得出结论。

有的人认为是天上掉下的陨石，还有的人判断是古蜀国一个卿相的墓志石。

后来在该处建了公园，供游人观赏。牛郎织女的故事颇为世人所羡慕，该处遂成为青年男女相会和定情之处。

寄情山水的魏晋赏石文化

　　魏晋南北朝时期，是我国历史上战乱频繁、政局动荡的时期。一定的社会形势、经济基础产生出一定的艺术形态，魏晋南北朝的特殊社会形态，决定了多种艺术形式的转变，也由此成为赏石文化长河中一个继往开来的时代。

　　东汉末年，和氏璧再引争端，十八路诸侯讨伐董卓，孙坚攻破洛阳时，让军士点起火把，下井捞取，内有朱红小匣，用金锁锁着。启视之，乃一玉玺，圆四寸，上镌五龙交纽，仿缺一角，以黄金镶之；上有篆文8字云：

■传国玉玺

诸葛亮（181—234），字孔明，号卧龙。三国时期蜀汉丞相，杰出的政治家、军事家、散文家、发明家。为匡扶蜀汉政权，呕心沥血，鞠躬尽瘁，死而后已。诸葛亮在后世受到极大尊崇，成为后世忠臣楷模，智慧化身。其代表作有《前出师表》《后出师表》《诫子书》等。

"受命于天，既寿永昌。"

孙坚得此宝后，想迅速回东吴，却为袁绍所逼，不得不指天发誓："吾若得此宝，私自藏匿，不得善终，死于刀箭之下。"

后来孙坚在砚山被乱箭穿身而亡。孙坚死后，其子孙策为兴复父业，用和氏璧从袁术处借来兵马，又重整江东36郡。

除政治上的"夺石"大战外，魏晋时期，就自然山水而言，其功能发生了巨大变化，已成为审美对象和山水诗、山水盆景等山水文化的创作源泉。

三国时期的军事家诸葛亮、北魏地理学家郦道元等都以极大兴趣观赏了黄牛岩上那幅"人黑牛黄"的天生彩画，并分别留下脍炙人口的美文《黄牛庙记》与《水经注·黄牛山》。

黄牛岩位于三峡南岸，海拔1.04千米，是三峡的

■奇石盆景

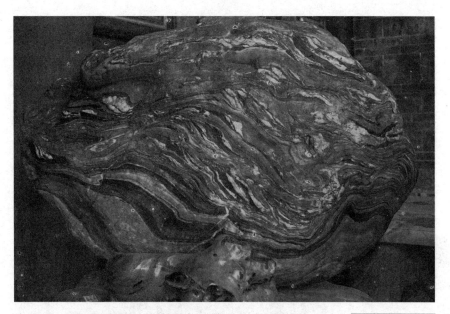

■ 水纹奇石

制高点，关于黄牛岩，当地流传着一个美丽的神话：

巫山神女瑶姬用金钗杀死了12条妖龙，龙血把江水都染红了，过了3年江水还有血腥味儿。妖龙的骨头变成龙骨石，把西陵峡口堵死了，江水流不出去，猛往上涨；峡江两岸尽是水，没有一块干地。

大禹正在黄河两岸治水，听到这个音信，带着治水的民丁，日夜赶路，到三峡疏河治水。哪晓得龙骨石比一般的石头还要硬些，锄头挖下去火星子直冒，只留下一点白印子。

大禹的手上脚上尽是伤，他一连九年没有回家。这事感动了天上的星宿下凡尘帮助大禹治水。星宿变成了几十丈长的一头黄牛。

它把脑壳一埋，尾巴一夹，四条腿使劲，用牛角一坨一坨地挖龙骨，用头一处一处地抵龙骨石，到底触开了夔门，推开三峡，一直把龙骨推出西陵峡口，

《水经注》 三国时期，有人写了《水经》，但内容简略，全书只有8200多字。郦道元系统地对《水经》进行注释，就是《水经注》。全面而系统地介绍了水道所流经地区的自然地理和经济地理等诸方面内容，是一部历史、地理、文学价值都很高的综合性地理著作。

青山奇石

推成了荆门十二碚。江里淤的泥沙在宜昌澄下来，成了一块平原。

黄牛帮大禹治好了长江水，长长吁了一口气。四面八方的百姓都赶来谢它。黄牛把脑壳一昂，四脚几蹦，跃上了高岩，钻到树林子去了。大禹为寻找黄牛，追上悬崖口，只见板壁岩上留下了清楚的黄牛身影。从此，人们把那山叫作黄牛山，那岩叫作黄牛岩。

魏晋南北朝时期，玄、道、佛学的普遍影响，崇尚自然之风的形成，社会审美意识的变化，都推动了文学、艺术、园林、赏石走向自觉发展阶段。

这时，我国观赏石文化在文学艺术、绘画、园林艺术的影响下，不断地发展完善，自成体系，进而从园林艺术中分离出来，形成一门独立的艺术品类。

其内容和形式也都发生了转变。从某种意义上讲，魏晋南北朝时期是赏石文化承前启后的历史阶段，是转折时期。

魏晋南北朝时期在意识形态方面，已突破了儒家独尊的正统地位，思想解放，诸家争鸣。以"竹林七贤"为代表人物，被称为"魏晋风流"。

他们反对礼教的束缚，寻求个性，寄情于山水，崇尚隐逸，探索山水之美的内蕴，其特点就是崇尚老庄，旷达不羁。

此为魏晋以来形成的一种思想风貌和精神品格，表现形态上往往是服饰奇特，行为上随心所欲，有时借助饮酒，纵情发泄对于世事的不满情绪，以达自我解脱，并试图远离尘世，去山林中寻求自然的慰藉，寻找清音、知音，陶醉于自然之中；或者"肆意遨游"，或者退隐田园，寄情山水。这一切为赏石文化的转变打下了理论基础。

魏晋南北朝时期是我国崇尚自然和山水情绪的发达时期。由于对山水的亲近和融合，逐渐把笼罩在自然山水上的神秘面纱掀开，由作为神化偶像转变为独立的审美对象。

由对山水的自然崇拜转变为以游览观赏为主要内容的审美活动，从而促进了文学、艺术、园林、赏石等各种艺术形式的发展和转变。

这时最大的特点就是描绘、讴歌、欣赏自然山水成为时代的风尚，在向大自然倾注真感情的过程中，努力探索山水美的内蕴。

诗人、画家进入自然之中，将形形色色的自然景观作为审视对象；独立的山水画也孕育形成，陶醉于自然山水欣赏，体悟形而上学的山水之道。

竹林七贤 我国魏晋时代，在吉山阳之地的嵇公竹林里所聚集的七位名士，他们分别是嵇康、阮籍、山涛、向秀、刘伶、王戎及阮咸，合称"竹林七贤"，七人的政治思想和生活态度大多不拘礼法，追求清静无为，被道教隐宗妙真道奉祀为宗师。其中，嵇康和阮籍的成就最高。

■未经加工的奇石

宗炳是我国最早的山水画家，在440年写成《画山水序》。他一生钟情自然山水，以静虚的心态去审美山水，主张"山水以形为道"。

宗炳以名山大川作为审美和绘画对象，如《画山水序》云："身所盘桓，目所绸缪，以形写形，以色貌

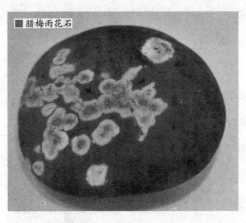
■腊梅雨花石

色。"主要强调写意、绘形，借物以言志，状物以抒情。

先秦时期儒家以自然山水比拟道德品格，山水被赋予一种伦理象征色彩，魏晋南北朝时期则完全冲破了"比德"学说的范畴，全面反映出人们对自然美认识的深化和普及，形成这个时期的包括赏石文化在内的大众审美特点。

山水诗和绘画一样蓬勃兴起。谢灵运是我国山水诗的开创者，"山水籍文章以显，文章亦凭山水以传"。他在《泰山吟》中写道：

> 岱宗秀维岳，崔嵬刺青天。
> 咋愕既险巘，触石辄迁绵。

诗中从游览角度出发，写出了具有神话色彩的泰山石的特点。

在民间赏石的基础上，到了魏晋时期逐渐形成一定的规模。当时流行石窟雕琢，园林石进入到庭院，著名诗人陶渊明酒后常醉卧一块巨石上，后人将此石称为"醉石"，宋人程师孟作诗道：

> 万仞峰前一水傍，晨光翠色助清凉。
> 谁知片石多情甚，曾送渊明入醉乡。

这是文人最早题名的石头，描述了秀丽宜人的山水风光，表达了对石头的钟爱之情，因此才有了陶渊明伴着石头喝酒入睡的传说。

从陶渊明老宅过大道行约一里地有座山，顺坡而上，见绿荫环抱中有一亭，亭上匾额书《醉石亭》3字，转过一个山坳，一块大石突现眼前，就是名闻天下的陶渊明醉石。

醉石上方山泉汨汨流淌形成小溪，这就是清风溪。溪水在大石旁汇成池塘，就是濯缨池。屈原《渔夫》说："沧浪之水清兮，可以濯我缨。沧浪之水浊兮，可以濯我足。"濯缨当出此处，有高洁之意。

醉石长3米余，宽、高各2米。醉石壁上有1050年欧阳修等3人联名题刻。绕到醉石后面，有碎石可助攀登。醉石平如台，遍布题刻诗文，醉石上面左下方有朱熹手书《归去来馆》4个大字。大字上方有一行小字，为嘉靖进士郭波澄《题醉石》诗：

> 渊明此醉石，石亦醉渊明。
>
> 千载无人会，山高风月清。
>
> 石上醉痕在，石下醒泉深。
>
> 泉石晋时有，悠悠知我心。
>
> 五柳今何在，孤松还独青。
>
> 若非当日醉，尘梦几人醒。

▣ 陶渊明醉石

陶渊明 （约 365—427），东晋末期南朝宋初期诗人、文学家、辞赋家、散文家。辞官归里，过着"躬耕自资"的生活。因其居住地门前栽种有5棵柳树，固被人称为五柳先生。夫人翟氏，与他志同道合，安贫乐贱，"夫耕于前，妻锄于后"，共同劳动，维持生活，与劳动人民日益接近，息息相关。

《南史》中甚至记载，陶渊明"醉辄卧石上，其石至今有耳迹及吐酒痕"。

尤其值得一提的是，奇石之称谓也始于那个年代。南齐时，文惠太子在建康造"玄圃"，《南齐书》记载园内"起出土山池阁楼观塔宇，穷奇极力，费以千万。多聚奇石，妙极山水"。"奇石"一词在这里首次出现。

再如，东晋名士、平北将军参军顾辟疆，在苏州西美巷的私家园林中收罗了许多奇峰怪石，成为当地之盛景。此为史载第一例苏州私人园林。

相传书法家王献之自会稽经过苏州，听说了这个名园，直接来访之。王献之与顾辟疆不相识。王献之来时，正遇上顾辟疆招集宾友酣宴。王献之入园游赏奇石及风景，旁若无人。顾辟疆勃然变色，竟然将王献之赶了出去。

辟疆园至唐宋时尚存。唐陆龟蒙《奉和袭美二游诗任诗》："吴之辟疆园，在昔胜概敌。前闻富修竹，后说纷怪石。"宋计有功《唐诗纪事陆鸿渐》："吴门有辟疆园，地多怪石。"

梁代时，建康同泰寺，即今南京市鸡鸣寺前，有4块奇丑无比、

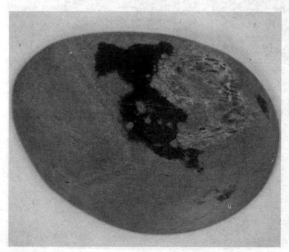
■ 黄色雨花石

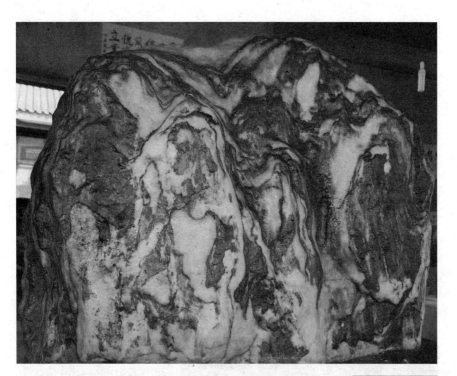

■ 奇峰怪石

高达丈余的山石供置，被赐封为三品，俗称三品石。千年之后此石辗转落入清代诗人袁枚手中。

　　山东临朐发现有550年魏威烈将军长史崔芬的墓葬，墓中壁画多幅都有奇峰怪石。其一为描绘古墓主人的生活场面，内以庭中两块相对而立的景石为衬托，其石瘦峭、鼓皱有致，并配以树木，表现了很高的造园、缀石技巧。

　　六朝的山水文化，从自然山水已经向园林文化迈进。北魏杨衒之《洛阳伽蓝记》，载当朝司农张伦在洛阳的"昭德里"："伦造景阳山，有若自然。其中重岩复岭，欹巉相属，深蹊洞壑，逦递连接。"张伦所造石山，已有相当水准。

　　晋征虏将军石崇在《金谷诗序》中描绘自己的

王献之（344—386），东晋书法家、诗人，以行书和草书闻名后世。王献之幼年随父羲之学书法，兼学张芝。书法众体皆精，尤以行草著名，敢于创新，为魏晋以来的今楷、今草作出了卓越贡献，在书法史上被誉为"小圣"，与其父并称为"二王"。

"金谷园"："有别于庐在河南界金谷涧中，去城七里或高或下。有清泉茂林，众果竹柏，药草之属。又有水礁、鱼池、土窟，其为娱目欢心之物备矣。"清泉、礁石、林木、洞窟俱全，已具有园林模样。

东晋书圣王羲之《兰亭集序》：记"此地有崇山峻岭，茂林修竹，又有清流激湍，映带左右。引以为流觞曲水，列坐其次。""兰亭"为公共园林，自有其特殊价值。

谢灵运在《山居赋》中讲述自己的"始宁别业"："九泉别澜，五谷异巘，群峰参差出其间，连岫复陆成其阪。""路北东西路，因山为障。正北狭处，践湖为池。南山相对，皆有崖谷，东北枕壑，下则清川如镜。"这里已是尽山水之美的晋宋风韵了。

南北朝时，也有了非常兴盛的赏石活动。从这时起，雨花石进入了观赏石的行列。

明月山水石

关于雨花石的来历，有一个美丽的传说：

相传在南朝梁代，有位法号叫云光的和尚，他每到一处开讲佛法时，听众都寥寥无几。看到这种情况没有好转，云光有点泄气了。

有一天傍晚，讲解完佛经的云光正坐在路边叹息时，遇到了一个讨饭的老婆婆。老婆婆吃完云光法师给她的干粮后，从破布袋里拿出一双麻鞋来送给云光，叫他穿着去四处传法。并告诉他鞋在哪里烂掉，他就可以在哪里安顿下来长期开坛讲经。老太太说完就不见了。

云光不知走了多少地方，脚上的麻鞋总穿不烂。直到他来到了南京城的石岗子，麻鞋就突然烂了。从此他就听从老婆婆之言在石岗上广结善缘，开讲佛经。一开始听的人还不多，讲了一段时间后，信众就多了。

■山水画面石

有一天，云光宣讲佛经的时候，讲得投入，一时感动了天神，天空中飘飘扬扬下起了五颜六色的雨。奇怪的是这些雨滴一落到地上，就变成了一颗颗晶莹圆润的小石子，石子上还有五彩斑斓的花纹，十分的好看。

由于这些小石子是天上落下的雨滴所化，人们就称之为"雨花石"。而从此云光讲经的石岗子也就被称作为"雨花台"。

传说当然只是传说，实际上，雨花石形成于距今250万年至150万年之间，是地球岩浆从地壳喷出，四处流淌，凝固后留下孔洞，涓涓细流沿孔洞渗进岩石内部，将其中的二氧化硅慢慢分离出来，逐渐沉积成

王羲之（303—361，一作321—379），字逸少，号澹斋，琅琊临沂人。东晋书法家，兼善隶、草、楷、行各体，精研体势，广采众长，冶于一炉，摆脱了汉魏笔风，自成一家，影响深远，创造出"天质自然，丰神盖代"的行书，被后人誉为"书圣"。其中，王羲之书写的《兰亭集序》为历代书法家所敬仰，被称作"天下第一行书"。

石英、玉髓和燧石或蛋白石的混合物。

雨花石的颜色和花纹，则是在逐渐分离、不断沉积成无色透明体二氧化硅过程中的夹杂物而已。

雨花石中的名品如"龙衔宝盖承朝日"，该石粉红色，如丹霞映海，妙在石上有二龙飞腾，龙为绿色，且上覆红云，顶端呈白色若玉山，红云之中尚有金阳喷薄欲出状。

再如，"平章宅里一阑花"，该石五彩斑斓，石上有太湖石一峰、洞穴玲珑，穴中映出花叶，上缀红牡丹数朵，花叶神形兼备。

而雨花名石"黄石公"则呈椭圆形，黄白相间，石之一端生出一个"公"字，笔画如书，似北魏造像始平公的"公"字，方笔倒行。

南北朝时，桂林称始安郡，颜延之任当地最高行政长官太守，留下了"未若独秀者，峨峨郛廓间"的诗句赞美桂林奇石，后来"独秀峰"因此而得名。

我国古代赏石文化，真的萌芽起于魏晋南北朝时期文人士大夫阶层的山岳情节，是脱俗的、远离金钱利益的精神冥思与寄托。

这一时期赏石文化作为独立的文化分支开始萌芽，赏石文化所需要的文化内涵已初步形成。

阅读链接

"孤寂之赏石，赏石之孤寂"，这是魏晋以来我国古代文人士大夫流传下来的一种精神寄托，这是"魏晋风骨"的一种内在体现。

魏晋南北朝时期的赏石文化萌芽，为我国古代赏石文化的发展准备好了文化方面的充分营养，在此后历代的文人赏石活动中，"魏晋风骨"的人文精神一直是赏石家们所追寻的精神内涵。

隋唐五代时期

隋唐时期是继秦汉之后又一个昌盛时期。思想活跃，百家争鸣，儒、道、佛三教并举，互补互尊，并为赏石文化创造了物质基础和文化条件。

五代是我国历史上又一个大动荡时期，从整体上看，赏石文化资料并不丰富，但也有可观之处。

李煜的砚山具有重要功能，既是小型观赏石的代表，又是赏石承前启后，进入文房案头的开端，开启了北宋以后"文人石"赏玩的先河，其象征意义巨大而深远。

昌盛发展的隋唐赏石文化

隋唐时期是我国历史上继秦汉之后又一社会经济文化比较繁荣昌盛的时期，也是我国赏石文化艺术昌盛发展的时期。

隋朝虽只有短短的37年，但在赏石方面也丝毫没有停步。炀帝杨广沿运河三下江南，收寻民间的奇石异木。

隋朝的洛阳西苑具有很大规模，《隋书》记载：

■假山奇石

西苑周二百里，其内为海，周十余里，为蓬莱、瀛州诸山，高百余尺，台殿观阁，罗络山上。海北有渠。萦纡注海，缘作十六院，门皆临渠，穷极华丽。

隋唐时期是赏石艺术，开始有意识地在园林中融糅诗情画意。观赏石已被广泛应用，假山、置石造景在造园实践中得到很大发展。

当时，众多的文人墨客积极参与搜求、赏玩天然奇石，除以形体较大而奇特者用于造园、点缀之外，又将"小而奇巧者"作为案头清供，复以诗记之，以文颂之，从而使天然奇石的欣赏更具有浓厚的人文色彩。

■桂州奇石

唐朝的赏石文化非常普遍，唐朝前期，由于太宗李世民、女皇武则天、玄宗李隆基等人的文韬武略，从中更展现出一派大唐盛世的景象。

639年，唐太宗李世民寿诞，得到桂州刺史送给他一块"瑞石"作为寿礼，此石有奇文"圣主大吉，子孙五千岁"字样，唐太宗见了此石，非常高兴，向大臣李靖称赞桂林的奇石说：

　　碧桂之林，苍梧之野，大舜隐真之地，达人遁责之乡，观此瑞文，如符所兆也，公可亦巡乎？

事后，唐太宗派李靖到桂林，授李靖为岭南抚慰使、检校桂州总管。李靖到桂林后，在桂林七星岩普

李世民（598—649，一说599—649），唐朝第二位皇帝，不仅是著名的政治家、军事家，还是一位书法家和诗人。登基后，开创了著名的贞观之治，他虚心纳谏，厉行俭约，轻徭薄赋，使百姓休养生息，各民族融洽相处，国泰民安，被各族人民尊称为天可汗，为后来唐朝全盛时期的开元盛世奠定了重要基础，为后世明君之典范。

阎立本（约601—673），唐代画家兼工程学家。其绘画艺术，先承家学，后师张僧繇、郑法士。阎立本具有多方面的才能。他善画道释、人物、山水、鞍马，尤以道释人物画著称，在艺术上继承南北朝的优秀传统，认真切磋并且加以吸收和发展。因而被誉为"丹青神化"，从而为"天下取则"，在绘画史上具有重要地位。

陀山，找到出"瑞石"的地方，并上奏朝廷，李世民敕命建庆林观，并御书"庆林观"匾额。后来庆林观发展为我国南方名刹之一，且高僧云集，游人如织。

唐太宗时大画家阎立本所作《职贡图》中，几名番人将几方修长玲珑的奇石或掮或捧，这是异域贡石的图景。此外，唐章怀太子墓壁画中，也有宫女手捧树石盆景的画面。

唐人嗜石成癖，有的甚至倾家荡产网罗奇石。据《李商隐集》载，荥阳望族郑瑶外任象江太守3年，所得官俸60万钱全部用于收购象江奇石，"及还长安，无家居，妇儿寄止人舍下"。

一代女皇武则天即位后迁都洛阳，中宗李显复辟迁回长安，至此大唐两都制贯穿全唐。武则天不仅精于权术，也十分喜欢观赏石艺术，在洛水得一瑞石，刻有"圣母临人，永昌帝业"8个字，封号为"宝图"，并虔诚地供于殿堂之上。

当时，园林是在城市"中隐"的憩所，文人士大夫甚至亲自参与园林规划设计。在这种社会风尚影响下，士人私家园林兴盛起来。

据史载："唐贞观开元之间，公卿贵戚开馆列第东都者，号千有

■十分珍贵的瑞石

余所。"中晚唐东都造园更是难以数计。造园模拟山水，所需奇石甚巨，加以文人吟咏其间，赏石文化空前繁荣起来。

唐朝首都长安的街区称"坊"，东都洛阳的街区称"里"。唐太平公主园林"山池院"在长安兴道坊宅畔。诗人宋之问《太平公主山池赋》，对园中叠石为山的形态以及山水配景，都有细致描写：

> 其为状也，攒怪石而欹嵌。其为异也，含清气而萧瑟。列海岸而争耸，分水亭而对出。其东则峰崖刻画，洞穴萦回。乍若风飘雨洒兮移郁岛，又似波浪息兮见蓬莱。图万里于积石，匿千岭于天台。

这是长安皇族园林的奢华，奇石叠山的规模如此宏大。

东都洛阳有伊、洛二水穿城而过，曾先后在唐文宗李昂、武宗李炎手下担任过宰相的牛僧孺和李德裕，都是当时颇具影响的文人墨客和藏石家。

终为"东都留守"的宰相牛僧孺，于东城引来活水为滩景，建造了"归仁里"宅园。当时著名的诗人白居易《题牛相公归仁里新宅成小滩》诗：

平生见流水，见此转流连；

况比朱门内，君家新引泉。

伊流决一带，洛石砌千拳；

与君三伏月，满耳作潺湲。

白居易评说"归仁里"宅园："嘉木怪石，置之阶廷，馆宇清华，竹木幽邃。"牛僧孺的园林，体现出文人崇尚的清幽风格。

牛僧孺经常与白居易、刘禹锡往来唱和。恰逢部属从苏州送来太湖石，奇状绝伦。牛僧孺有诗赞道：

■ 圆润的太湖奇石

胚浑何时结，嵌空此日成。

掀蹲龙虎斗，挟怪鬼神惊。

带雨新水静，轻敲碎玉鸣。

池塘初展见，金玉自凡轻。

侧眩魂犹悚，周观意渐平。

似逢三益友，如对十年兄。

奇石形态美、韵如玉，众人争睹，声名远播。白居易和刘禹锡都曾任苏州刺史，辖区所产精美太湖石，却为牛僧孺所得，皆叹无此缘分。

唐代著名诗人李白，不仅是诗仙、酒仙，而且在悟石、爱石、咏石方面也独领风骚。李白对山具有特殊感情，一生好游名胜古迹及山水，以其丰富的想象

白居易 （772—846），字乐天，晚年又号香山居士，唐代伟大的现实主义诗人，我国文学史上负有盛名且影响深远的诗人和文学家。他的诗歌题材广泛，形式多样，语言平易通俗，有"诗魔"和"诗王"之称。代表诗作有《长恨歌》《卖炭翁》《琵琶行》等。

力和浪漫主义色彩，在名山、名石的审美观赏方面标新立异。如李白在《登高》诗中咏道："登高壮观天地间，大江茫茫去不返。黄云万里动风色，白波九道流雪山。"

据四川《彰明县志》载："石牛沟，有石状如牛。"李白曾赋诗一篇《咏牛》，生动、形象地对石牛加以歌颂：

怪石巍巍巧似牛，山中高卧数千秋。

风吹遍体无毛动，雨打浑身有汗流。

芳草齐眉难人口，牧童扳角不回头。

自来鼻上无绳索，天地为栏夜不收。

宰相裴度为中晚唐四朝重臣，晚年也为"东都留

刘禹锡 （772—842），字梦得，唐朝文学家、哲学家，他性格刚毅，颇有豪猛之气，在忧患的谪居年月里，始终不曾绝望，有着一个斗士的灵魂；刘禹锡的诗，无论短章长篇，大多简洁明快，风情俊爽，有一种哲人的睿智和诗人的挚情渗透其中，极富艺术张力和雄直气势。

057

昌盛发展

隋唐五代时期

■ 怪异的太湖石

守"，于洛阳建"集贤里"宅园。《旧唐书·裴度传》记其事："东都立第于集贤里，筑山穿池，竹木丛萃，有风亭水榭，梯桥架阁，岛屿回环，极都城之胜概。"

白居易曾和裴度集贤林亭诗："因下张沼沚，依高筑阶基。嵩峰见数片，伊水分一支。……幽泉镜泓澄，怪石山敧危。"

"集贤里"园林里的峰石与怪石，也是各具形态。《旧唐书·裴度传》又载：裴度"又于午桥创别墅，花木万株，中起凉台暑馆，名曰'绿野堂'"。

文中还记载裴度与白居易、刘禹锡等人，在"午桥别墅"饮酒赋诗，吟咏奇石自乐的场景。

王维是唐代著名山水诗人，官至尚书右丞，热爱自然山水，创造了优美的山水诗，他的山水画、山水诗别具一格，状物抒情，情景交融，体物精细，传真入神，被誉为"诗中有画，画中有诗"。

王维曾亲自动手制作盆景，"以黄瓷斗贮兰蕙，养以奇石，累年弥盛"，对我国山水盆景的创作、观赏石的品赏，产生很大的影响，

■ 园林中的奇石

盆景石也是观赏石的重要一种，被称作"无声的诗，立体的画"，不仅具有外在的形体、质地、纹理之美，而且具有很深的底蕴。

唐代宰相李勉藏有两块奇石，放置在书房文案上，朝夕相共，细细品赏，命名为"罗浮山"和"海门山"。这种小中见大，浓缩自然山水的艺术手法，成为

供石的鉴赏特色。

诗人杜甫曾得石一方，石不大而奇峰突兀，意境深远，以南岳的祝融山而名之，取名为"小祝融"，意蕴深远，具有诗情画意。

唐朝时，是赏石理论开始形成的时期，由白居易提出了奇石是一种缩景艺术，并在优游其间时可达到一种"适意"的境界。

《旧唐书·白居易传》记载：824年，白居易自杭州刺史任满回到洛阳，"于履道里得故散骑常侍杨凭宅，竹木池馆，有林泉之致"。"履道里"宅园位于里之西北隅，洛水流经此处，是城内"风土水木"最胜之地。

白居易为这座宅园写下《池上篇》韵文，序文中描绘此园：宅园共占地17亩，其中"屋室三之一，水五之一，竹九之一，而岛树桥道间之"。

白居易"罢杭州刺史时，得天竺石一，……罢苏州刺史时，得太湖石"。早先，杨某赠予他三块方整、平滑、可以坐卧的青石，这些石头全都安置在园内。"又命乐童登中岛亭，合奏《霓裳·散序》……曲未尽而乐天陶然，已醉，睡于石上矣。"

白居易人称"白神仙"，奇石相对，醉卧青石，

■玉山奇石

杜甫（712—770），唐代伟大的现实主义诗人，被后人尊称为"诗圣"，与"诗仙"李白并称"李杜"。由于经历了唐代由盛到衰的过程，因此与诗仙李白相比，杜甫更多的是对国家的忧虑及对老百姓的困难生活的同情，他所写的诗，全方位反映了唐由盛至衰的过程，又被人称为"诗史"。

仙乐萦绕，确有仙风道骨的神韵。

827年，白居易居洛阳，有《太湖石》诗：

> 烟翠三秋色，波涛万古痕。
> 削成青云片，截断碧云根。
> 风气通岩穴，苔文护洞门。
> 三峰具体小，应是华山孙。

笔下太湖石色如云雾缭绕的秋景，石肤因万古流水冲刷而圆润，形态挺拔峭峻，孔洞剔透，有如华山奇峰，咫尺千里之势。

白居易另有《太湖石》咏："远望老嵯峨，近观怪嵌嵒"。"形质冠今古，气色通晴阴。""岂伊造物者，独能知我心。"欣赏着气势高耸，形质冠古今的美石，感念上苍造化与恩典。

白居易还根据多年赏石的心得，归纳出了《爱石十德》：

> 养性延容颜，助眼除睡眠，澄心无秽恶，草木知春秋，不远有眺望，不行入洞窟，不寻见海埔，迎夏有纳凉，延年无朽损，昇之无恶业。

白居易评石，以太湖石为甲等，罗浮石、天竺石

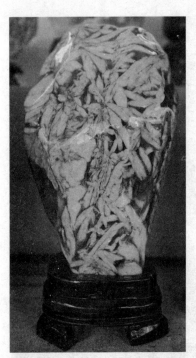

■雪纹太湖奇石

王建（767—830），字仲初，唐代诗人。一生沉沦下僚，生活贫困，因而有机会接触社会现实，了解人民疾苦，写出大量优秀的乐府诗。他的乐府诗和张籍齐名，世称"张王乐府"。著有《王司马集》。其诗反映田家、水夫、织妇等各方面劳动者的生活。

次之；而牛僧孺将其石按石之大小分为甲、乙、丙、丁四等，每等按其品第之高下分为上、中、下三品，并将品第结果铭刻于石之背面。

还有宰相李德裕，封卫国公，士族世家。在洛阳城南30里，靠近龙门伊阙建"平泉山庄"。他在《平泉山居戒子孙记》中说："又得名花珍木奇石，列于庭除。平生素怀，于此足矣。……鬻平泉者非吾子孙也，以平泉一树一石与人者非佳士也。"真为爱石之人也。

李德裕还在《平泉山居草木记》中，记录了庄中部分石头的种类和名称："日观、震泽、巫岭、罗浮、桂水、严湍、庐阜、漏泽之石……台岭、八公之怪石，巫峡之严湍，琅玡台之水石，布于清渠之侧；仙人迹、鹿迹之石，列于佛榻之前。"

据说，李德裕"平泉山庄"藏石何止数千方，从以上所列品种和名称来看，已是琳琅满目、美不胜收了。李德裕"平泉山庄"和诗人王建的"十二池亭"在造园艺术和景石点缀方面，都达到了很高水平。

■树形太湖奇石

王建还曾在诗中说：

> 异花多是非时有，
> 好竹皆当要处生。
> 斜竖小桥看岛势，
> 远移山石作泉声。

可以看出唐时造园水平已非常高，不仅能打破花卉生长的正常物候期，创造人工环境，培育出奇花异卉，

■ 精美的平石

牛僧孺 （779—
847），唐穆宗、
唐文宗时宰相。
字思黯。他是甘
肃灵台的一位历
史人物。他既是
政界的贵胄，又
是文坛的名士。
他为官正派，不
受贿赂，在当时
很有好名。他好
学博闻，青年时
代就有文名。他
和当时著名诗人
白居易、刘禹锡
等常往来唱和，
这在《唐诗纪
事》中见到他的一
些逸事和诗作。

还远距离搬运怪石，巧用山石，山水结合，形成有声有色的优美山水环境。

唐代山水文学发达，促进了文人园林兴起，赏石文化也随之繁盛。

柳宗元贬永州修造园林，有《钴鉧潭西小丘记》说：整修后"嘉木立，美竹露，奇石显"。将园林意境分成两大类："旷如也，奥如也，如斯而已。"把开阔旷远与清幽深邃的意境展现出来。

柳宗元总结出"逸其人，因其地，全其天"的"天人合一"的造园原理。

柳宗元"以文造园"的思想，对园林及赏石文化的发展，都是宝贵的财富。

中晚唐的白居易、柳宗元、裴度、李德裕、牛僧孺等人，都是一代士子的精英，又是文人官僚的代表。他们在园林的泉壑美石中得到精神慰藉和寄托。

李德裕和牛僧孺家道败落后，园中奇石散出，凡刻有李、牛两家标记的石头，都是洛阳人的抢手物。从中可见文人赏石的深远影响。

晚唐孙位的《高逸图》，据考证为《竹林七贤图》残卷，此画中作者勾勒出两方不同形态的奇石。右面一石呈斜向肌理，上小下大，皱褶、沟壑、孔洞遍布。左边奇石整体饱满、通体洞穴、婉转变化。两石皆配以植物，如高士般坐置地面，与席地而坐的竹林诸贤相映成趣。

唐代赏石品种主要是太湖石。牛僧孺因藏石曾说道："石有族聚，太湖为甲。"

时人评说："唐牛奇章嗜石，石分四品，居甲乙者具太湖石也。"

这些诗句，说明唐代所赏的太湖石，大多指洞庭山附近太湖中生成的水生石。此外，灵璧石、昆石、罗浮石、泰山石、石笋石等观赏石种，常见有赏咏记载，却都不是唐代赏石的主要品种。

我国古典赏石审美中的"瘦""皱""怪""丑"等说法，在这里已经齐备。

唐代赏石除山形外，动物、人物、规整、抽象

柳宗元（773—819），字子厚，杰出诗人、哲学家、儒学家乃至成就卓著的政治家，唐宋八大家之一。因为他是河东人，人称柳河东，又因终于柳州刺史任上，又称柳柳州。柳宗元与韩愈同为中唐古文运动的领导人物，并称"韩柳"。在我国文化史上，其诗、文成就均极为杰出。

■黑色太湖石

柱形太湖石

等形态的奇石也经常出现，展现出唐代赏石文化的丰富多彩。

"君子比德于玉"是我国人格取向的标榜。李德裕《题奇石》："蕴玉抱清辉，闲庭日潇洒。"白居易《太湖石》："轻敲碎玉鸣"都是以玉比石，喻君子品德。

文人还经常以石直接比喻高尚的人格。李德裕在《海上石笋》中提道："忽逢海峤石，稍慰平生意。何以慰我心，亭亭孤且直。"

诵读以石喻德诗文，从中能够感到凛然正气、君子高德、文人风骨，依然是六朝遗风的延续。

阅读链接

隋唐文人学士十分活跃，名山成为文人游赏和宗教活动场所，游览之中"触景生情，借题发挥"，记为诗文以激千古，从而促进了诗歌、音乐、绘画、园林、山石的发展，也涌现出李白、白居易、柳宗元等一批著名诗人、文学家和赏石者。

白居易不仅有许多的赏石诗文，他还曾记述了好友牛僧孺因"嗜石"而"争奇聘怪"，以及"奇章公"家太湖石多不胜数而牛氏对石则"待之如宾友，亲之如贤哲，重之如宝玉，爱之如儿孙"的情形，接着称赞了牛僧孺藏石常具"三山五岳、百洞千整……尽缩其中；百仞一拳，千里一瞬，坐而得之"的妙趣。

在白居易眼里，牛僧孺实为唐代第一藏石、赏石大家。

五代李煜的砚山赏石文化

907年，朱温灭唐称帝建后梁，建都开封汴梁，历经梁、唐、晋、汉、周，史称五代。与此同时，还有其他10个国家分布在大江南北，统称为"五代十国"。

■黄膘金蟾苴却砚

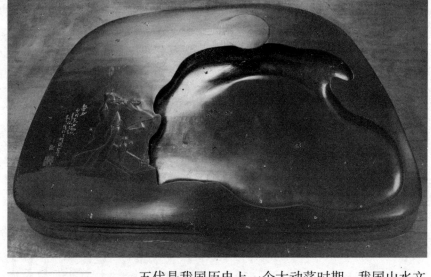

■ 歙县龙尾砚

李煜 （937—978），史称李后主，五代十国时南唐国君，字重光，初名从嘉，号钟隐、莲峰居士。李煜虽不通政治，但其艺术才华横溢，工书善画，能诗擅词，通音晓律，被后人千古传诵的一代词人；他精于书画，谙于音律，工于诗文，词尤为五代之冠。李煜在词坛上留下了不朽的篇章，被称为"千古词帝"。

五代是我国历史上一个大动荡时期，我国山水文化中的山水绘画，始创于晋宋时期的代表人物宗炳。

五代是我国山水绘画的成熟期，北方画派以荆浩、关仝为代表，南方画派以董源、巨然为代表。五代的山水绘画，对后世山水绘画以及山水文化影响绵延不绝，也从中感悟到我国特有的园林艺术及景观赏石的审美取向。

尤其是，五代十国时期的南唐后主李煜对奇石有特别钟爱。他不仅以词章冠绝古今，对我国赏石文化也是贡献至伟。

"文房"即"书房"，这个概念始于李煜。后来李之彦在《砚谱》中说："李后主留意笔札，所用澄心堂纸、李廷珪墨、龙尾石砚，三者为天下之冠。"

龙尾砚又称歙石砚，其石产地在南唐辖区龙尾山，李煜对歙石砚的开采与制作不遗余力，并任命李少微为砚务官，所制南唐砚为文房珍品。

李煜留有"海岳庵"和"宝晋斋"两座砚山石，为灵璧石与青石制成，皆出自李少微之手。

砚山又称"笔格""笔架"，依石之天然形状，中凿为砚，刻石为山，砚附于山，故称"砚山"。砚山是架笔的文房用品，制作精巧的砚山，也属文房赏石的范畴。

这座"海岳庵"灵璧石砚山，径长不过咫尺，前面参差错落地耸立着状如手指大小的36峰，两侧倾斜舒缓，其势如丘陵连绵起伏，中间有一平坦处，金星金晕闪烁，自然排列成龙尾状。放眼望去，群峰叠翠，山色空蒙，曲流回环，波光潋滟，既有黄山之雄奇，又具练江之俊俏，可谓巧夺天工。

南唐经李昇、李璟、李煜三帝，论治国平天下，一代不如一代，论文学才华，则一代更胜一代。

精擅翰墨的李煜，对文房四宝的笔、墨、纸、砚大为青睐。南唐建都金陵，所辖歙州等35州，龙尾石产地在辖区之内，李璟、李煜父子雅好文墨，对砚石开采自然不遗余力。

李少微所制南唐御砚，流传甚少。欧阳修曾从王原叔家偶得一方。

李煜收藏的"海岳庵"和"宝晋斋"这两座史上罕见的宝石砚山，宋蔡京幼子蔡绦《铁围山丛谈》中曾做过详细记载：

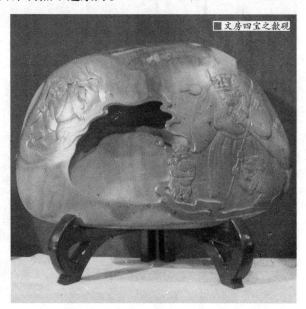

■文房四宝之歙砚

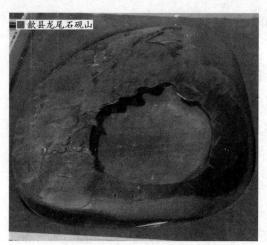
歙县龙尾石砚山

江南后主宝石砚山，径长逾尺咫，前耸三十六峰，皆大如手指，左右引两阜坡，而中凿为研。及江南国破，砚山因流转数十人家，为米元章所得。

米元章，米芾，后来他又用龙尾"海岳庵"宝石砚山与苏仲恭学士之弟苏仲容交换甘露寺下的海岳庵。米元章即失砚山，曾赋诗叹道："砚山不复见，哦诗徒叹息，唯有玉蟾蜍，向余频滴泪。"这方砚山后来被宋徽宗索入宫内，藏在万岁洞砚阁内。

元代此砚山为台州戴氏所得，戴氏特请名士揭傒斯题诗："何年灵璧一拳石，五十五峰不盈尺。峰峰相向如削铁，祝融紫盖前后列。东南一泓尤可爱，白昼玄云生霭。"

李煜走了，却给后人留下"词帝"的美名，留下凄婉的爱情故事，留下龙尾美石，留下流传千古的砚山传奇。

阅读链接

欧阳修于1031年得到龙尾"海岳庵"砚后，一直带在身边。1051年，欧阳修作《南唐砚》文，并于砚背刻铭。1792年，乾隆进士、书法家铁保得此砚，在砚边作铭。翌年铁保请书法家翁方纲在砚盒盖上作铭。

清梧州太守永常藏有一方英石砚山。长5寸，高2寸。但峰峦挺拔，岩洞幽深，玲珑剔透，且无反正面之分，至为奇观。

宋元历史时期

　　宋朝是我国封建社会大发展的时期，赏石文化同其他文化现象一样，达到鼎盛时期，文人雅士提出了观赏石的审美原则，从美学角度审视观赏石；将观赏石以谱的形式记录下来，能使今人深入了解观赏石文化。

　　元朝时期，南宋遗民隐居在城市、乡村、山林之中，以研究传承文化为乐事，促进了民间文艺及赏石文化蓬勃发展。

　　元代赏石在民间发展，陈列于文房，具备峰峦沟壑的小型石最受欢迎。

清新精致的宋代赏石文化

■巨型奇石

960年，宋太祖赵匡胤建立北宋，建都开封，改名东京。由于宋朝一直是文官掌重权，这是文化大繁荣的重要因素，因此在中华民族数千年文化史中，两宋尤为突出，中唐至北宋，也是我国文化的重要转折点。

这种文化至宋徽宗赵佶时达到顶峰，文风更加清新、精致、小巧、空灵、婉约。影响到诗歌、绘画、园林等各个方面，赏石文化自然也在其中。

宋代传承了中唐的园林赏石而更精致，传承南唐的文房而形成文房清玩门类。佛教衍生出完全汉化的禅宗，它的"梵我合一"与老庄的"崇尚自然"，使士大夫心中的自然之境与禅境融合一体，更加重视形外之神、境外之意。

灵璧石玉兔望月

宋郭熙《林泉高致》论远景、中景、近景之说，近景中的高远、深远、平远之分，更加丰富了景观石欣赏的内涵。五代、北宋的山水画在崇山峻岭、溪涧茂林中，常有茅舍、高隐其间，反映出士子的理想境界。

宋徽宗赵佶是我国历代帝王中艺术素养最高的皇帝，也是我国历史上最大的赏石大家，他主持建造的"艮岳"，是古今最具规模的奇石集大成者。

赵佶即位天子，一位道士上奏称，汴梁城东北方位是八卦艮位，垫高此地，皇家子嗣就会人丁兴旺。赵佶立即命人垫地，果然不久王皇后生下皇子。

得了皇子的赵佶相信，若在此地建一座园林，国家必将更加兴盛，于是1111年，"艮岳"工程开始。1117年，赵佶又命户部侍郎孟揆，于上清宝箓宫之东筑山，号称"万岁山"，因其在宫城东北，据"艮"位，即成更名为"艮岳"。

假山遗石

1122年完工，因园门匾额题名"华阳"，故又名"华阳宫"。

赵佶还亲笔绘制《祥龙石图》，卷后《题祥龙石图》诗序道："祥龙石，立于环碧池之南，芳州桥之西，相对则胜瀛也。其势腾湧，若虬龙出为瑞应之状，奇容巧态，莫能具绝妙而言之也。"

"艮岳"甫成，赵佶亲自撰写了《艮岳记》，以颂盛景：万岁山以太湖石、灵璧石为主，均按图样精选："石皆激怒抵触，若踶若啮，牙角口鼻，首尾爪距，千恣万状，殚奇尽怪。……雄拔峭峙，巧夺天工。"

并道"左右大石皆林立，仅百余株，以'神运''敷文''万寿'峰而名之。独'神运峰'广百围，高六仞，锡爵'盘固侯'，居道之中，束石为亭以庇之，高五十尺。……其余石，或若群臣入侍帷幄，正容凛若不可犯，或战栗若敬天威，或奋然而趋，又若伛偻趋进，其怪状余态，娱人者多矣"。

祖秀《华阳宫记》记载了赵佶赐名刻于石者百余方。综合各种资料，"艮岳"的叠山、置石、立峰实难数计，类别用途各有所司，而形态也是千奇百怪。

《癸辛杂识》说："前世叠石为山；未见显著者，至宣和，艮岳始兴大役。……其大峰特秀者，不特封侯，且各图为谱。"

帝王对奇石造园如此重视，使"艮岳"成为当时规模最大、水平最高的石园，对宋代以及后世的赏石和园林艺术的发展，都有很大的启发和影响。

寿山艮岳是我国山水园林中运用假山的最典型例子之一。假山仿造自然界景观，以土为主、以石为辅相堆而成。

首先堆筑假山主体，主峰高达150米，成为全园制高点，山分东西两岭，引景龙江水注流山水其间，水声潺潺，如歌如诉。

山上建介亭以综观全园景色，沿湖、河、山峦运用以太湖石为主的自然山石进行堆叠，山的南坡以叠石为主，形成独特自然山石景观。其中更有亭台楼阁、小桥曲径、奇石异木、珍禽瑞兽，集我国古典园林于天成。

同时，巧妙利用山石叠成瀑布，"得紫石滑净如削，面径数仞，因而为山，贴山卓立。山阴置木柜，绝顶开深池。车驾临幸，则驱水工登其顶，开闸注水而为瀑布，曰紫石壁，又名瀑布屏"。不但有峭壁假山，还形成瀑布景观，具有很高的

《癸辛杂识》

为"唐宋史料笔记丛刊"的一种，是宋末元初词人、学者周密的史料笔记。周密寓居杭州癸辛街，本书因而得名。本书是宋代同类笔记中卷帙较多的一种。书中记载了许多不见正史的逸闻、典章制度、都城胜迹、艺文书图、医药历法、风土人情和自然现象等。

■假山遗石

叠石艺术水平。

而且，还在寿山艮岳内大兴土木，搜集天下名花奇石，仿造自然山水，以达"放怀适情，游下赏玩"之需求。为此还下令设"应奉局"于平江，凡被选中的奇峰怪石、名花异卉，不惜工本精心搬运，"皆越海、渡江、凿城郭而至"。

运奇石的船，曾以十成一"纲"，这就是历史上有名的"花石纲"。

艮岳最大的一块太湖石，高约16.7米，玲珑剔透，徽宗极爱，加封"盘固侯"，赐金带。另外一些次之的太湖石，分列其两旁，如同群臣恭候君主。徽宗依次为它们起名、刻字。

宋徽宗为石题名十分注重其内涵，尤其突出诗情画意，如题"灵璧小峰""山高有小""水落石出"等。

太湖石的特置手法在宋代宫苑内广泛应用。《宅京记》记述大内仁智殿的庭园中列两巨石，"高三丈，广半之"，东边赐名"昭庆神运万岁峰"，西为"独秀

■奇石蛋白石

储昱 字丽中，是储泳的六世孙。其父储璇，祖父储敬，曾祖储德富。皆世代居住三林庄三林浦南侧三池滩。寓所东侧有一三林浦支流芋芳泾，为此储昱别号为芋西。在县学期间，其文笔雄奇豪赡，宗法韩苏，而精严峻洁，又自有独得之妙焉。

太平岩"，皆由徽宗御书并刻石填金，而较大峰石特别奇秀者，不但封侯赐金带，还绘图为谱，广为传播。

"艮岳"历时6年才得以完成。赵佶以帝王之尊和深厚的艺术根基，投注于赏石艺术之中，对宋及以后我国赏石和园林艺术的发展推动甚巨。

"花石纲"中有的奇峰因故未被运走而留在江南，称作"艮岳遗石"，其中有3方著名的假山峰被誉为"江南三大名石"，即为瑞云峰、玉玲珑和绉云峰。

■太湖石莲花峰

瑞云峰石形若半月，多孔，玲珑多姿，峰高5.12米，宽3.25米，厚1.3米，涡洞相套，褶皱相叠，剔透玲珑，被誉为"妍巧甲于江南"。瑞云峰出自洞庭湖，为朱勔所采，上有"臣朱勔所进"4字。

玉玲珑高约3米，宽约1.5米，厚约80厘米，重量3吨左右，姿态婀娜，具有太湖石的皱、漏、瘦、透之美。该石四面八方洞洞通窍，一孔注水，孔孔出水，自下焚香于一孔，孔孔冒烟，可见其奇巧无比。

据说：石上原镌刻有"玉华"两字，意为是石中精华。石前一泓清池，倒映出石峰的倩影。石峰后有一面照墙，背面有"寰中大快"4个篆字。

明代，"玉玲珑"到了上海浦东三林塘人、太仆寺少卿官至江西参议储昱的私人花园中。万历年间，储昱的女儿嫁给尚书潘允端的弟弟潘允亮。后来潘家建造豫园时，便把"玉玲珑"移来。潘允亮，字

太湖石

寅叔，别号楞庵，是明嘉靖南京刑部尚书、左部御史潘恩的第三子。潘家是上海的望族，有"潘半城"之称，收藏书画古玩甚多。

相传，船过黄浦江时，江面突然起风，舟石俱沉。潘家认为这不是个好兆头，一定要设法补救，重金请善水者打捞上岸，而且同时又捞起了另一块石头。

说也奇怪，两块石头竟然珠联璧合，那块同时捞起的石头就成为"玉玲珑"石的底座。

还有传说，船从董家渡泊岸后，索性就近在城墙上开了个洞，把"玉玲珑"搬进城内，开洞处成为小南门。

绉云峰高有2.3米，消瘦却不寒碜，正得风骨毕现。整座石峰气势直起，但姿态曲折，"一波三折"，在刚健中又透出了妖媚。绉云峰虽高，但中腰最窄处只有0.4米宽，融挺拔与灵秀于一身。

绉云峰的表面布满了皱褶，如同刀劈斧削。有的人喜欢抚摸凸凹光滑的太湖石，但在这里就会被刺痛了手指。

如果站远些，就会更清楚地看见这些石皱的纹理，它们是平行的，斜斜地上倾，在曲折而上的石峰表面，宛如波光水影，层层而起，一脉至顶。

在皇帝的带动下，私人园林纷纷出现。独乐园为司马光在洛阳修

赏石文化与艺术特色

建的一座园林，以小巧简朴而著称。苏东坡有一诗称
赞道：

> 青山在屋上，流水在屋下。
> 中有五亩园，花竹秀而野。

同时，文人园林更如雨后春笋般相继建成。李格非于1095年写成《洛阳名园记》，他在文中明确提出园林的兴废是经济盛衰的象征，"园圃之兴废，洛阳盛衰之侯也"。

北宋以洛阳为西京，为历代公卿贵族云集、园林荟萃之地，许多名园都是在唐代旧园的基础上重新修建的。李格非亲自游览、考证、仔细品赏，并且以十分精辟的鉴赏力对众多园中的20多个名园作了较详尽的介绍、评价。

李格非写道："洛人云，园圃之胜者，不能相兼者六，务宏大者少幽邃，人力胜者少苍古，多水泉者难眺望。兼此者唯湖园而已。"

湖园以湖水为主，湖中有洲，洲上建堂，名四并堂。四并堂者，取谢灵运"天下良辰，美景，赏心，乐事，四者难并"之意。私家园林引水凿

李格非 （约1045—约1105），字文叔，著名女词人李清照之父。北宋文章名流，《宋史》中有传。他专心著述，文名渐显，再转博士，为苏门"后四学士"之一。撰成传世名文《洛阳名园记》，记洛阳名园19处，在对这些名园盛况的详尽描述中，寄托了自己对国家安危的忧思。

■太湖石独乐峰

池，堆石掇山，对赏石文化具有很大的推动作用。

两宋承袭了南唐文化，文房清玩成为文人珍藏必备之物，鉴赏之风臻于极盛，苏轼、米芾等文人均精于此道，发展成专门学问。

与此同时，我国汉唐以来席地而坐的习俗，逐渐被垂足而坐所代替，两宋几、架、桌、案升高而制式成型。这些都为赏石登堂入室创造条件。

这一时期，不仅出现了如米芾、苏轼等赏石大家，司马光、欧阳修、王安石、苏舜钦等文坛、政界名流都成了当时颇有影响的收藏、品评、欣赏奇石的积极参与者。

苏轼是北宋文坛的一代宗师，兼有唐人之豪放、宋人之睿智，展现出幽默诙谐的个性、洒脱飘逸的风节、笑对人世沧桑的旷达，是我国士人的极致。

苏轼阅石无数、藏石甚丰，留下众多赏石抒怀的诗文，对宋代以及后世赏石文化的发展启示良多。

1080年，苏轼到达黄州。1081年春，经友人四处奔走，终于批给

■ 竹纹奇石

■明月图案奇石

苏轼一块废弃的营地。于是苏轼带领全家早出晚归开
荒种田，吃饭总算有了着落。

苏轼这块荒地在黄州东门之外，于是将其取名
"东坡"，自号"东坡居士"。第二年，苏轼在东坡
这块地方修筑了一座5房的农舍，因正值春雪，遂取
名"雪堂"。

黄州城西北长江之畔，有座红褐色石崖，称为赤
壁。赤壁之下多细巧卵石，有红黄白等各种颜色，湿
润如玉，石上纹理如人指螺纹，精明可爱。

苏轼《怪石供》中说："齐安小儿浴于江，时有
得之者。戏以饼饵易之，即久，得二百九十有八枚，
大者兼寸，小者如枣、栗、菱、芡。其一如虎豹，首
有口鼻眼处，以群石之长。又得古铜盆一枚，以盛
石，挹水注之璨然。"

正好庐山归宗寺佛印禅师派人来问候，苏轼就将
这些怪石送给了佛印禅师。但随后他又搜集了250方

欧阳修（1007—
1072），字永
叔，号醉翁，晚号
"六一居士"，
汉族，吉州永丰
人，以"庐陵欧阳
修"自居。北宋卓
越的政治家、文
学家、史学家，
"唐宋八大家"之
一。一生著作繁
富，曾参与纂写
《新唐书》《五代
史》等，代表作
有《醉翁亭记》
《秋声赋》等。

苏轼（1037—1101），北宋文学家、书画家。字子瞻，号"东坡居士"。他学识渊博，天资极高，诗文书画皆精。与欧阳修并称欧苏，为"唐宋八大家"之一；艺术表现独具风格，与黄庭坚并称苏黄；词开豪放一派，对后世有巨大影响，与辛弃疾并称苏辛；书法擅长行书、楷书，与黄庭坚、米芾、蔡襄并称"宋代四大家"。

怪石。诗僧参廖是"雪堂"的常客。谈及怪石一事，苏轼笑道："你是不是也想得到我的怪石啊？"

于是苏轼将剩余的怪石分为两份赠予参廖一份，也就有了《后怪石供》美文。

不离不弃的好友、赤壁的绝古，还有那美丽的石头，都给予苦难中的苏轼莫大的慰藉。

1082年，米芾赴黄州雪堂拜谒苏轼，米芾在《画史》中详细记叙了这次会面的情景："子瞻作枯木，枝干虬曲无端，石皴硬亦怪怪奇奇无端，如其胸中盘郁也。"

苏轼的《古木怪石图》是极为珍贵的北宋赏石形象资料，其中蕴藏着多种内涵。

苏轼曾言："石文而丑"，怪丑之石有其独特的赏石审美取向，《古木怪石图》引领文人独特的审美情趣。

46岁的苏轼遭诬陷贬到了黄州，那已是第三个年

■ 虎纹形奇石

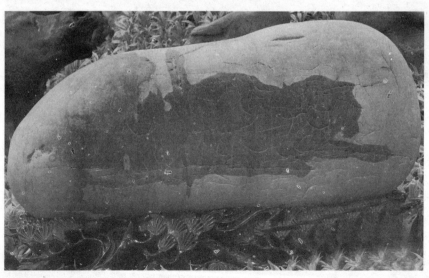

头了，借"怪怪奇奇"之石抒"胸中盘郁"，以石抒怀是苏轼经常用来解闷的好方法。

《怪石供》中多有赏石心得："凡物之丑好，生于相形，吾末知其果安在也。使世间石皆君此，则今之凡石复为怪。"

■山峡纹奇石

美丑怪奇之石皆有其形。色，红黄白色丰富多彩。质，与玉无辨晶莹剔透。纹，如指纹多变精明可爱。以古盆挹水养石，以净水注石为佛供，清净与佛理相通，应为苏东坡首创。

1084年，苏轼离黄州北上，1085年正月来到宿州灵璧。6年前，苏轼在这里写下《灵璧张氏园亭记》，故地重游不胜唏嘘。

园中有一块奇美之石号为"小蓬莱"，苏轼喜爱有加，有感而发："古之君子，不必仕，不必不仕。必仕则忘其身，必不仕则忘其君。……使其子孙开门而出仕，则趺步市朝之上，闭门而归隐，则俯仰山林之下。予以养生活性，行义求志，无适而不可。"

他想起唐代李德裕平泉山庄里的醉醒石，于是题文："东坡居士醉中观此，醒然而醒。"这块风韵雅

李德裕（787—849），字文饶，唐代赵郡赞皇人，唐朝中期著名政治家、诗人。他幼有壮志，苦心力学，尤精《汉书》《左氏春秋》。穆宗即位之初，禁中书诏典册，多出其手。他主政期间，重视边防，力主削弱藩镇，巩固中央集权，使晚唐内忧外患的局面得到暂时的安定。

逸的奇石后来被皇家收藏。

1092年苏轼至扬州，得两美石，作《双石》并序，"至扬州获二石，其一绿色，有穴达于背；忽忆在颖州日，梦人请住一官府，榜曰'仇池'，觉而诵杜子美诗曰：'万古仇池穴，潜通小有天。'"

仇池，山名，在甘肃成县西汉水北岸。一名瞿堆，山有平地百顷，又名百顷山。其上有池，故名仇池。山形如复壶，四面陡绝，山上可引泉灌田，煮土为盐。

因为仇池地处偏远，历来典籍都将它描写成人间福地，据说那里有99泉，万山环绕，可以避世隐居，如同陶渊明的桃花源。

苏轼神游千里，眼前的绿石已化为"仇池"，"一点空明是何处，老人真欲住仇池"。"仇池石"寄托了苏轼对世外桃源的向往。

1093年，苏轼知定州，得"雪浪石"，这块"雪浪石"高76厘米，宽80厘米，底围196厘米，全石晶莹黑亮，黑中显缕缕白浪，仿佛浪涌雪沫，颇具动感。于是苏东坡以大盆盛之欣赏，并将其居室名为"雪浪斋"。

苏轼曾做《雪浪斋铭》并引："予于中山后圃得黑石，白脉，如蜀孙立、孙知所画石间奔浪，尽水之变。名其室曰'雪浪斋'云。"

诗道：

■雪浪奇石

尽水之变蜀两孙，
与不传者归九原。
异哉驳石雪浪翻，
石中乃有此理存。

■明月长江石

苏东坡还为此作有《雪浪石》诗：

> 画师争摹雪浪势，天工不见雷斧痕。
>
> 离堆四面绕江水，坐无蜀士谁与论？
>
> 老翁儿戏做飞雨，把酒坐看珠跳盆。
>
> 此身自幻孰非梦，故园山水聊心存。

雪浪石使苏轼深感天工造化，也勾起诗人思乡情结，唤起诗人归隐故里、纵情山水的情愫。

苏轼45年宦海沉浮，几与祸患相始终，却始终展现出洒脱飘逸的风节，笑对人世沧桑的旷达。

苏轼被世人誉为苏海，虽然不能掌控自己的命运，他却能徜徉书海，纵情山水，憧憬在自创的桃花源境界"仇池石"中。

宋代赏石大、中、小型俱备。小型赏石不但脱离了山林，也脱离

杜绾 生卒年不
详，京兆万年
人，724年甲子科
状元及第，735
又登王霸科，官
至京兆府司录参
军，不显而终。
杜家世代为官，
入相者达十一
人。其子杜黄
裳，于宪宗朝为
相，封邠国公。
杜绾所撰写的
《云林石谱》，
是我国古代最完
整、最丰富的一
部石谱。

了园林，成为独立的欣赏对象。小形赏石已经有了底座，可以置于几架之上，欣赏情趣也有了很大变化。

苏轼《文登蓬莱阁下》说："我持此石归，袖中有东海。"袖中可以藏石，其小可知。

宋孔传《云林石谱·序》中说："虽擅一拳之多，而能蕴千岩之秀。大可列于园馆，小或置于几案。"拳头大的赏石，也为可观至极。

南宋赵希鹄《洞天清录集》说："怪石小而起峰，多有岩岫耸秀嵌嵌峰岭之状，可登几案观玩，亦奇物也。"表明几案赏石要求更高。

宋李弥逊《五石》序："舟行宿泗间，有持小石售于市，取而视之，其大可置掌握。"说明掌中小石的兴盛，有力地促进了赏石市场的交易。

宋代赏石品种主要是太湖、灵璧和英石，其他石种不占重要地位。

天下奇石

赏石文化与艺术特色

■人物纹奇石

杜绾《云林石谱》说：太湖石"鲜有小巧可置几案者"。大型的灵璧石比较常见，不过也有置于几案之上的小石。

刘才邵《灵璧石》诗："问君付从得坚质，数尺嵌嵌心赏足。"

英石一般体量不大，《云林石谱》说：英石"高尺余或大或小各有可观"。因此英石应该是文房中的主要石种。

宋代商人吴某家几上有一块英石，高0.5米，长1米多，千峰万嶂，长亘连绵。其上坡陀，若临水际，宛然衡岳排空，湘江九曲环回于下。右边石壁刻隶书"南岳真形"4字。

宋代的石屏也是赏石的一种，择其平面纹理有若自然山水画境，以木镶边制座而成，用材多为大理石。

石屏小而置于几案之上、笔研之间，称为研屏。

■ 雪纹奇石

苏轼《欧阳少师令赋所蓄石屏》："何人遗公石屏风，上有水墨希微踪。"

苏辙《欧阳公所蓄石屏》：

石中枯木双扶疏，粲然脉理通肌肤。
剖开左右两相属，细看不见毫发殊。

赵希鹄《洞天清录集·研屏辨》说："古无研屏。或铭研，多镌于研之底与侧。自东坡、山谷始作研屏，即勒铭于研，又刻于屏，以表而出之。"这就说明，研屏这种赏石以苏轼、黄庭坚为创始人。

黄庭坚在北宋诗坛上与苏轼并称"苏黄"，系苏门四学士之首、青年学子的导师、江西诗派的缔造

苏辙 （1039—1112），字子由，自号"颍滨遗老"，汉族，眉州眉山人。"唐宋八大家"之一，与父苏洵、兄苏轼齐名，合称为"三苏"。他擅长政论和史论，在政论中纵谈天下大事，如《新论》。著有《栾城集》《诗集传》《龙川略志》《论语拾遗》等。

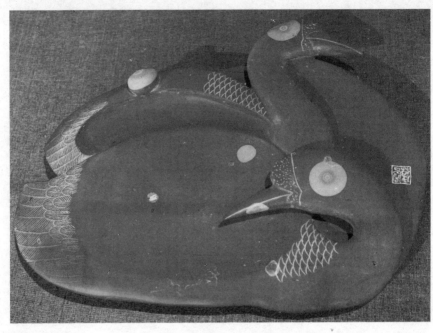

■ 双鹅黄石砚

黄庭坚（1045—1105），字鲁直。北宋诗人、词人、书法家，为盛极一时的江西诗派开山之祖，而且他跟杜甫、陈师道和陈与义素有"一祖三宗"之称。诗歌方面，他与苏轼并称为"苏黄"；书法方面，他则与苏轼、米芾、蔡襄并称为"宋代四大家"。

者。其书法被誉为"宋四家之一"。

黄庭坚对文房石尤为青睐。他曾在好友刘昱处得到一方洮河绿石砚，感慨之余即兴赋诗：

久闻岷石鸭头绿，可磨桂溪龙文刀。
莫嫌文吏不知武，要试饱霜秋兔毫。

好友王仲至曾送给黄庭坚一方洮河黄石砚，他就写诗谢答：

洮砺发剑贯红日，印章不琢色蒸栗。
磨砻顽顿印此心，佳人诗赠意坚密。

黄庭坚还将一方洮河石砚赠给同为苏门四学士之

一的张耒。张耒有诗称颂："谁持此砚参几案，风澜近乎寒秋生。"

1086年，黄庭坚赠予苏轼一方洮砚，苏轼作《鲁直所惠洮河石砚铭》以答谢。

1094年，黄庭坚赐知宣州，即今安徽宣城。当时他正在老家分宁居母丧，后在赴任途中过婺源进龙尾山考察歙砚，留下著名诗篇《砚山行》。

《砚山行》说："其间有时产螺纹，眉子金星相间起。"螺纹、眉子、金星都是龙尾石妙美的纹理，也是文人雅士的挚爱。

接着黄庭坚又描述道：

居民上下百余家，鲍戴与王相邻里。

凿砺砉形为日生，刻骨镂金寻石髓。

选堪去杂用精奇，往往百中三四耳。

不轻不燥禀天然，重实湿润如君子。

日辉灿灿飞金星，碧云色夺端州紫。

松树怪石砚

砚 也称砚台。以笔蘸墨写字，笔、墨、砚三者密不可分。砚在"笔墨纸砚"四宝中为首，这是由于它质地坚实，能传之百代的缘故。我国四大名砚之称始于唐代，它们是端砚、歙砚、洮砚、红丝砚。我国古砚品种繁多，如松花石砚、玉砚、漆砂砚等，在砚史上均占有一席之地。

《砚山行》以白描手法，生动全面地将龙尾山砚石坑的地理环境、砚石品种、居民状况、砚石开采以及砚石品质等方面都作了详细论述，对歙砚的传播、研究与发展都是居功至伟。

砚山自南唐李煜起始。南唐遗物尽入宋，其中那两方有名的"海岳庵"和"宝晋斋"为米芾所得，其辗转传承为古今奇闻。

砚山奇石在我国赏石历史上具有承前启后的重要地位，它是取其自然平底、峰峦起伏而又有天然砚池的天然奇石，作为砚台的别支，一般大不盈尺，而灵璧石、英石一类质地大都下墨而并不发墨，所以砚山纯粹是作为一种案头清供。

"海岳庵"和"宝晋斋"到了米芾手里后，《志林》记载他"抱眠三日"，狂喜至极，即兴挥毫，留

■ 奇石砚山

下了传世珍品《砚山铭》。

"瘦、皱、漏、透"4字
相石法则为米芾结合画理而
创，各种文献有不同表述。瘦
为风骨、透表通灵、皱显苍
古，都是中华文化意境的精
粹，也是天人合一的诠释，对
赏石、鉴石影响至今不衰。

米芾是一个绝世的奇才，
以书画两绝而闻名于世。他的
特立独行，在我国文化史上留
下"米颠"的盛名。米芾的好
书画、好石、好研、好洁、好
异服、好搞怪，都是他"颠"
名的发端，以至于900余年
来，被人们津津乐道，成为历久弥新的传世经典。

奇石摆件

米芾也是11世纪中叶我国最有名的藏石、赏石大家。他不仅因爱
石成癖，对石下拜而被国人称为"米癫"，而且在相石方面，还创立
了一套理论原则，即长期为后世所沿用的"瘦、透、漏、皱"4字诀。

1074年，米芾任临桂县尉。同年5月，游桂林龙隐岩、阳朔山，
画有《阳朔山图》并题字："官于桂，见阳朔山，始知有笔力不能到
者……"桂林清秀瑰奇的山水，给了好异尚奇的米芾不小的震撼，为
他日后笃好奇石埋下种子。

1082年，32岁的米芾赴黄州雪堂拜谒苏轼。苏轼对米芾的书法也
是青睐有加，苏轼对米芾书艺师晋的指点，影响其终身。

1089年，39岁的米芾出任润州教授，也就在这时，米芾以所藏李

笏　我国古代大臣上朝时手里拿着的手板，用玉、象牙或竹片制成，文武大臣朝见君王时，双手执笏以记录君命或旨意，亦可以将要对君王上奏的话记在笏板上，以防止遗忘。大唐武则天以后，五品官以上执象牙笏，六品以下官员执竹木做的笏。

后主砚山，换取海岳庵宅基地，并定居下来。米芾好砚山闻名，在《山林集》中称砚山为"吾首"。

《海岳志林》记载："僧周有端州石，屹起成山，其麓受水可磨。米后得之，抱之眠三日，嘱子瞻为之铭。"

1104年，米芾知无为军。刚到官衙上任时，看见立在州府的奇石独特，一时欣喜若狂，便让随从给他拿来袍笏，穿好官服，执着笏板，如对至尊，向奇石行叩拜之礼，还称其为"石丈"。

后人在他搭棚拜石处修建了一座"拜石亭"，还在奇石与亭子之间修建了"绕石桥"。

■ 奇石摆件

米芾还为拜石之事自画《拜石图》。元代倪瓒为此作《题米南宫拜石图》诗：

> 元章爱研复爱石，
> 探瑰抉奇久为癖。
> 石兄足拜自写图，
> 乃知颠名不虚得。

米芾在江苏涟水为官时，因为当地毗邻盛产美石的安徽灵璧县，便常去搜集上乘奇石，回来后终日把玩闭门不出。他的衣袖中总是藏奇石，随时拿出来观赏，名曰为"握游"。

米芾对奇石的执爱达到疯狂

的程度，终日把玩，以至于不出府门一步，结果就影响了政务。久而久之，便引起了上司的关注。

有一次，督察使杨杰到米芾任所视察，得知此事，严肃地对米芾说："朝廷把千里郡邑交给你管辖，你怎么能够整天玩石头而不管郡邑大事呢？"

环形灵璧石

米芾不正面回答，却从袖中取出一枚清润玲珑的灵璧石，一边拿在手中反复把玩，一边对杨杰说："如此美石，怎么能不令人喜爱？"

杨杰未予理睬。

米芾见此情形，又从袖中取出一枚更加奇巧的灵璧石，又对杨杰说："如此美石，怎么能不令人喜爱？"

杨杰暗暗称奇，但仍不动声色。

一而再，再而三，米芾从袖中取出最后一枚更加奇特的灵璧大石，还对杨杰说："如此美石，怎么能不令人喜爱？"

杨杰实在无法抵挡诱惑，终于开口说道："难道只有你喜欢？我也非常喜爱奇石。"说着他一把将那枚灵璧石夺了过去，竟然忘记了此行巡察的目的，心花怒放地回去了。

这个故事在一定程度上反映了米家奇石多小巧玲珑、富于山水画意的天然特色，和当时上层社会爱石、藏石的浓厚风气。

随着小型赏石的流行，另有一种欣赏把玩的"山子"，在宋代也开始出现。

石雕山子

山子是石、玉雕摆件工艺中的一种，这种工艺多表现山水人物题材，要求制作者有较高的造型能力、富有创造性的构思能力和较高的文学艺术修养。制作时先按玉石料的形状、特征等进行构思，顺其色泽，务使料质、颜色、造型浑然一体，然后按"丈山尺树、寸马分人"的法则，在玉石料上或浮雕，或深雕。使山水树木、飞禽、楼台、人物等形象构成远、近景的交替变化，以取得材料、题材、工艺的统一。"山子雕"技艺是扬州玉石雕的传统技艺。

山子雕的工艺技术，继承了浮雕、圆雕、镂空雕等传统技法，并得以发展，如浮雕技术中则将浅浮雕、深浮雕、阴刻、阳刻、线刻等多种技艺相结合，在构图设计上运用国画的写意、线描的写实以及建筑透视技巧，使作品层次清楚，章法合理。

宋代赏石文化的最大特点是出现了许多赏石专著，如杜绾的《云林石谱》、范成大的《太湖石志》、常懋的《宣和石谱》、渔阳公的《渔阳石谱》等。

杜绾的《云林石谱》，是我国最早、最全、最有价值的石谱，其中涉及各种名石116种，并各具生产之地、采取之法，又详其形状、色泽而品评优劣，对各种石头的形、质、色、音、硬度等方面，都有详细的表述。这部奇石学巨著，是宋人对我国赏石文化的贡献，对后世影响巨大而深远。

　　杜绾字季阳，号云林居士，出身于世家，祖父杜衍北宋庆历年间为相，封祁国公，父亲也为朝中重臣，姑父是著名文学家苏舜钦。

　　由于家学渊源，杜绾自幼博览群书，游历山川，对奇石瑰宝尤为喜爱。将收集的奇石，按品位、产地、润燥、质地等各项分类编辑，成为足以传世的《云林石谱》。

　　《云林石谱》分上、中、下3卷，《灵璧石》列于上卷首篇："宿州灵璧县，地名磬石山。石产土中，采取岁久。穴深数丈，其质为赤泥渍满。……扣之，铿然有声。"

范成大（1126—1193），字致能，号石湖居士。南宋诗人。从江西派入手，后学习中、晚唐诗，继承了白居易、王建、张籍等诗人和新乐府的现实主义精神，终于自成一家。风格平易浅显、清新妩媚。他的诗题材广泛，以反映农村社会生活内容的作品成就最高。与杨万里、陆游、尤袤合称南宋"中兴四大诗人"。

093

鼎盛时代

宋元历史时期

■松石山子

花园太湖石

磬石山距灵璧县渔沟镇东2千米，海拔114米。磬石山南侧尚存摩崖石刻，不同造型佛像100多座，雕刻在长16米，宽2米的巨石上，为1056年所作。

磬石山北坡下，百米宽千米长的平畴地带，即是灵璧磬石的产地。

宋王明清《挥尘录》记载："政和年间建艮岳。奇花异石来自东南，不可名状。灵璧贡一巨石，高二十余尺。"

宋《宣和别记》也记载，"大内有灵璧石一座，长二尺许，色清润，声亦泠然，背有黄金文，皆镌刻填金。字云：宣和元年三月朔日御制。"

《西湖游览志余》又记载，"杭省广济库出售官物，有灵璧小峰，长仅六寸，玲珑秀润，卧沙、水道、裙折、胡桃纹皆具。徽宗御题八小字于石背曰：山高月小，水落石出"。

1113年，杜绾升苏州为平江府，洞庭在其辖区内。自唐以来，历代都将太湖石视为造园、赏玩的珍品。

《云林石谱·太湖石》："平江府太湖石产洞庭水中，性坚而润，有嵌空穿眼宛转嵌怪势。一种白色，一种色青而黑，一种微青。其质纹理纵横，笼络隐起，于石面遍多坳坎，盖因风浪冲激而成，谓之'弹子窝'。扣之微有声。"

以上大、中、小三磬石，皆为宋徽宗"花石纲"贡石。

而《昆山石》中则说："平江府昆山县石产土中。多为赤土，积

天下奇石

赏石文化与艺术特色

渍，即出土，倍费挑剔洗涤。其质磊魂，巉岩透空，无耸拔峰峦势，扣之无声。"昆石产于江苏昆山市马鞍山，自古以来为四大名石之一，甚为名贵。

《云林石谱》中涉及石种范围广达当时的82个州、府、军、县和地区。其中有景观石、把玩石、砚石、印石、化石、宝玉石、雕刻石等众多门类。对各种石头的形、质、色、纹、音、硬度等方面，都有详细的表述。

"形"，主要以古人瘦、漏、透、皱的赏石理念，对奇石评判。

"质"，杜绾将石质分为粗糙、颇粗、微粗、稍粗、光润、清润、温润、坚润、稍润、细润等级别。

"色"，有白、青、灰、黑、紫、褐、黄、绿、碧、红等单色。还列出了过渡色、深浅色和多色的石头。

"纹"，列出核桃纹、刷丝纹、横纹、圈纹、山形纹、图案纹、松脉纹等奇石品种。

"音"，杜绾常敲击石头，得到无声、有声、微有声、声清越、铿然有声等不同效果。

"硬度"，杜绾对石头硬度的描述有，甚软、稍软、不甚坚、颇坚、甚坚、不容斧凿等级别。

可以看出，杜绾不但是奇石专家，还是矿物岩石学家。清代《四库全书》入选的论石著作，只有《云林石谱》。《四库提要》说：此书"即益于承前，更泽于启后"。

诗人范成大也非常喜爱玩英石、灵璧

美丽的奇石

石和太湖石，并题"大柱峰""峨眉石"等。如峨眉石联："三峨参差大，峨高奔崖侧，势倚半霄；龙盘虎卧起，且伏旁睨沫，水沲江朝。"

以文同、米芾、苏东坡等人为代表的文人画派，提倡天人合一，主张审美者应深入山水之中，"栖丘饮谷"，对山石吟诗作画，以领略自然山水之内在美，体验大自然之真谛。

南宋平远景致，简练的画面偏于一角，留出大片空白，使人在那水天辽阔的空虚中，发无限幽思之想。这理文化的交融与内敛，却使赏石文化的意境更加旷远，给后世赏石以更多滋养。

阅读链接

在蒲松龄《聊斋志异》的《大力将军》篇和金庸的《鹿鼎记》中都写到了，浙江名士查伊璜和当时的广东提督吴六一的一段交往。吴将军早年贫寒，查资助得以投军。后来吴欲厚报，查不受。在广东吴将军府花园内，查看到了这块奇石，十分赞赏，题名为"绉云峰"。

查回乡后，吴令人将此石运至海宁查家，"涉江越岭，费逾千缗"。此石一到浙江，立即为浓厚的文化氛围笼罩，文人们为之赋诗作词，画家为之描摹，金石家为之铭石，朴学大师俞樾的一篇《护石记》更是写尽了传统文化中的"石情""石缘"。

如今300年过去了，绉云峰已不能再吸引文化人关注的目光。俞樾的重孙俞平伯因善读《石头记》成为红学大师，但物转星移，此石已非彼石。

至于查伊璜的后代查良镛，则以"金庸"为笔名，在更新的文化空间里长袖善舞。只有绉云峰，还是一块石头，静静地站在西湖边，展示着大自然的鬼斧神工和它最原始的魅力。

疏简清远的元代赏石文化

1161年，金世宗定都大都，即北京，开始修建大宁宫，役使兵丁百姓拆汴梁"艮岳"奇石运往大都，安置于大宁宫。

元定都大都后，还在广寒殿后建万岁山。皇家《御制广寒殿记》载：万岁山"皆奇石积叠以成，……此宋之艮岳也。宋之不振以是，金不戒而徙于兹，元又不戒而加侈焉"。

从万岁山赏石可以看出，元代皇家园林，是在金

狮子林中的奇石

人取艮岳石有所增添而成。

元代大学士张养浩官拜礼部尚书等职，他在济南建造"云庄"。园内有云锦池、稻香村、挂月峰、待凤石以及绰然、乐全、九皋、半仙诸亭。

张养浩热爱自然山川，厌弃官场生活，作诗说："五斗折腰惭为县，一生开口爱谈山。"据《历城县志》记述："公置奇石十，每欲呼为石友。"其中4块尤为珍惜，命名为"龙""凤""龟""麟"，4块灵石均为太湖石。

元代修琼华岛，自寿山艮岳运石。张养浩收藏了部分精品置于云庄，4块名石饱经沧桑，唯有龟石幸免于难。龟石亭亭玉立，卓越多姿，又称为瑞石。

龟石挺拔露骨，筋络明显，姿态优美，纹理自然，玲珑剔透，其高4米，重8吨，具有"皱、瘦、透、秀"的特点，被誉为"济南第一名石"。

狮子林中的太湖石

1342年，元代僧人维则叠石，成为后来的苏州狮子林。《画禅寺碑记》："邯城东狮子林古刹，元高僧所建。则性嗜奇，蓄湖石多作狻猊状，寺有卧云室，立雪堂。前列奇峰怪石，突兀嵌空，俯仰多变。"

狮子林盘环曲

■狮子林的奇石

折，错落多变，叠石自成一格。园内假山遍布，长廊环绕，楼台隐现，曲径通幽，有迷阵一般的感觉。

　　长廊的墙壁中嵌有宋代四大名家苏轼、米芾、黄庭坚、蔡襄的书法碑及南宋文天祥《梅花诗》的碑刻作品。

　　狮子林既有苏州古典园林亭、台、楼、阁、厅、堂、轩、廊之人文景观，更以湖山奇石，洞壑深邃而盛名于世，素有"假山王国"之美誉。

　　狮子林原为菩提正宗寺的后花园，1341年，高僧天如禅师来到苏州讲经，受到弟子们拥戴。第二年，弟子们买地置屋为天如禅师建禅林。

　　园始建于1342年，由天如禅师维则的弟子为奉其师所造，初名"狮子林寺"，后易名"菩提正宗寺""圣恩寺"。

　　因园内"林有竹万，竹下多怪石，状如狻猊

文天祥（1236—1283），字履善，又字宋瑞，自号文山，浮休道人。汉族，南宋期吉州庐陵人，南宋末期大臣，文学家。1278年兵败被俘虏，在狱中坚持斗争3年多，后在柴市从容就义。著有《过零丁洋》《文山诗集》《指南录》《指南后录》《正气歌》等作品。

■ 狮子林中的假山

衣钵 是指僧尼的袈裟和食器。原指佛教中师父传授给徒弟的袈裟和钵，后泛指传授下来的思想、学问、技能等。我国禅宗师徒间道法的授受，常付衣钵为信证，称为衣钵相传。唐宋时应试人员与主司名第相同，也称之为传衣钵。

者"，狻猊即狮子。又因天如禅师维则得法于浙江天目山狮子岩普应国师中峰，为纪念佛徒衣钵、师承关系，取佛经中狮子座之意，故名"师子林""狮子林"。亦因佛书上有"狮子吼"一语，指禅师传授经文，且众多假山酷似狮形而命名。

维则曾作诗《狮子林即景十四首》，描述当时园景和生活情景。园建成后，当时许多诗人画家来此参禅，所作诗画列入"狮子林纪胜集"。

狮子林假山群峰起伏，气势雄浑，奇峰怪石，玲珑剔透。假山群共有九条路线，21个洞口。横向极尽迂回曲折，竖向力求回环起伏。游人穿洞，左右盘旋，时而登峰巅，时而沉落谷底，仰观满目叠嶂，俯视四面坡差，如入深山峻岭。

洞穴诡谲，忽而开朗，忽而幽深，蹬道参差，或平缓，或险隘，给人带来一种恍惚迷离的神秘趣味。

"对面石势阴，回头路忽通。如穿九曲珠，旋绕势嵌空。如逢八阵图，变化形无穷。故路忘出入，新术迷西东。同游偶分散，音闻人不逢。变幻开地脉，神妙夺天工""人道我居城市里，我疑身在万山中"，就是狮子林的真实写照。

狮子林的假山，通过模拟与佛教故事有关的人体、狮形、兽像等，喻佛理于其中，以达到渲染佛教气氛之目的。但是它的山洞做法也不完全是以自然山洞为蓝本，而是采用迷宫式做法，通过蜿蜒曲折，错综复杂的洞穴相连，以增加游趣，所以其山用"情""趣"两字概括更宜。

园东部叠山以"趣"为胜，全部用湖石堆砌，并以佛经狮子座为拟态造型，进行夸张，构成石峰林立，出入奇巧的"假山王国"。

山体分上、中、下3层，有山洞21个，曲径9条。崖壑曲折，峰回路转，游人行至其间，如入迷宫，妙趣横生。山顶石峰有"含晖""吐丹""玉立""昂霄""狮子"诸峰，各具神态，千奇百怪，令人联想翩翩。山上古柏、古松枝干苍劲，更添山林野趣。

小径中的怪石

此假山西侧设狭长水涧，将山体分成两部分。跨涧而造修竹阁，阁处模仿天然石壁溶洞形状，把假山连成一体，手法别具匠心。

园林西部和南部山体则有瀑布、旱涧道、石磴道等，与建筑、墙体和水面自然结合，配以广玉兰、银杏、香樟和竹子等植物，构成一幅天然图画，使游人在游览园林、欣赏景色的同时，领悟"要适林中趣，应存物外情"的禅理。

元代我国经济、文化的发展均处低潮，赏石雅事当然也不例外。造成元代在盆景观石赏玩上日趋小型化，出现了许多小盆景，称"些子景"。

大书画家赵孟頫是当时赏石名家之一，曾与道士张秋泉真人交往过密，对张所藏"小岱砚山"一石十分倾倒。面对"千岩万壑来几上，中有绝涧横天河"的一拳奇石，他感叹：

> 人间奇物不易得，一见大呼争摩挲。
> 米公平生好奇者，大书深刻无差讹。

张道士所藏"小岱岳"，小巧玲珑、气势雄伟、峰峦起伏、沟壑纵横，天然生成并无雕琢。赵孟頫一见惊呼奇物，爱不释手。

赵孟頫，字子昂，是元代最杰出的书画家和文学家，本是宋太祖

■ 庭院中的太湖石

赵匡胤之子秦王赵德芳的第十二世孙。按理说，赵孟頫既为大宋皇家后裔，又为南宋遗臣，且为大家士子，本应隐遁世外，却被元世祖搜访遗逸，终拜翰林学士承旨。其心中矛盾之撞激，可以想见。赵孟頫专注诗赋文词，尤以书画盛名享誉，亦赏石寄情，影响颇为深远。

■ 流水奇石

明林有麟《素园石谱》记载，赵孟頫藏有"太秀华"山形石："赵子昂有峰一株，顶足背面苍鳞隐隐，浑然天成，无微窦可隙。植立几案间，殆与顽颜君子相对，殊可玩也，因为之铭。"

并有诗道：

> 片石何状，天然自若。
> 鳞鳞苍窝，背潜蛟鳄。
> 一气浑沦，略无岩壑。
> 太湖凝精，示我以朴。
> 我思古人，真风渺邈。

从以上记载可以得知，赵孟頫所藏为太湖景观峰石，置于几案之间，有君子风骨，让人生思古之情。

《素园石谱》还绘有"苍剑石"图谱，有"钻云螭虎，子昂珍藏"刻字。赵孟頫同时代道士张雨记载："子昂得灵璧石笔格，状如钻云螭虎。"螭虎是

翰林学士 官名。学士始设于南北朝，唐初常以名儒学士起草诏令而无名号。至唐玄宗时，于翰林院之外别建学士院，选有文学的朝官充任翰林学士，入职内廷，批答表疏，应和文章，随时宣召撰拟文字。后翰林学士成为皇帝最亲近的顾问兼秘书官，有"内相"之称。

王冕（1287—1359），元代著名画家、诗人，画坛上以画墨梅开创写意新风的花鸟画家，号竹斋、煮石山农、放牛翁、梅花屋主等。自幼嗜学，白天放牛，窃入学舍听诸生读书，晚上返回，竟忘其牛，因往依僧寺，每晚坐佛膝上，映长明灯读书。王冕诗多同情人民苦难、轻视功名利禄、描写田园隐逸生活之作。

■ 青田石展品

无脚之龙。赵孟頫灵璧石笔格，有穿云腾雾之状，气势非凡。

清代举子、青田印学家韩锡胙在《滑凝集》中记载："赵子昂始取吾乡灯光石作印，至明代而石印盛行。"我国古来治印，或以金属铸造，或以硬质材料琢磨。所谓文人治印，以软质美石为纸，以刀为笔，尽显文人笔意情趣。

文人治印，初选青田灯光冻石，始于元代赵孟頫、王冕，至明代文彭而兴盛。文房印石兴起，赵孟頫功不可没。

青田石主要产于我国浙江省青田县内，其历史可以上溯到1700多年前，六朝时墓葬中曾发现青田石雕小猪四只，在浙江新昌南齐墓中，也发现了永明元年的青田石雕小猪2只。

后来，青田石成为我国传统的"四大印章石之一"。在我国一并与巴林石、寿山石和昌化石被称为"中国四大名石"。

青田石名品有灯光冻、鱼脑冻、酱油冻、风门青、不景冻、薄荷冻、田墨、田白等。

青田奇石最大特点是一块石头有多种颜色，甚至多达十几种颜色，天然色彩十分丰富。

细青田奇石具有"六相"：纯，是指石质分子结构细密，具有温润之感；净，指无杂质，具有清静之感；正，指不邪气，具有正雅之感；鲜，指光泽鲜艳，具有恒丽之感；透，指照透明，具有冰质之感；灵，指有生命，气脉内蕴，光彩四射之感。

青田石以"封门"为上品，微透明而谈青略带黄者称封门青，原称"风门青"，因其产于风门山而得名。

由于封门青脉细且扭盘曲折，游延于岩石之中，量之奇少，色之高雅，质之温润，性之"中庸"，是所有印石中最宜受刀之石，大为篆刻家所青睐。

另外，晶莹如玉，照之璨如灯辉，半透明者称灯光冻，石色微黄，有一定油润感，由于生成好，因此"结"字方面很好。

而色如幽兰、明润纯净、通灵微透者，则被称为兰花青。

鸡血、田青以色浓质艳见长，象征富贵；封门青则以清新见长，象征隐逸淡泊，因此，前者可说是"物"的，而后者则是"灵"的，封门青被称为"石中之君子"，十分贴切。

青田石等印石，也更促进了元代书画印铃的发展，如元代倪瓒，号云林子，出身江南富豪。筑有"云林堂""清閟阁"，收藏图书文玩，并为吟诗作画之所。擅画山水、竹石、枯木等，画法疏简，格调幽淡，与黄公望、吴镇、王蒙合称"元四家"。

元代佚名有《画倪瓒像张雨题》，画面右角方几所置文房器物

倪瓒（1301—1374），元代画家、诗人。字泰宇，后字元镇，号云林。作品多画太湖一带山水，构图平远，景物极简，多作疏林坡岸，浅水遥岑。论画主张抒发主观感情，认为绘画应表现作者"胸中逸气"，不求形似，说"仆之所谓画者，不过逸笔草草，不求形似，聊以自娱耳"。

中，有横排小山一座，主峰有左右两小峰相配，峰前尚有小峰衬托出层次。

倪瓒曾参与狮子林的规划，以其写意山水和园林经营的理念，将奇石叠山造景方法融于园林之中，世人多有仿效而蔚然成风。

他还为该名园作《狮子林图卷》。后人于狮子林题楹联："云林画本旧无双，吴会名园此第一。"

元人画理中，最具声名的为倪瓒《论画》，云林绘画，不同于以形写神的"神"，而是不求形似的"逸"。古意、士风、逸气，是元人画理的发展，画石、赏石，亦同此理。

晚明文震亨《长物志》在论及大朴倪瓒时说："云林清秘，高梧古石中，仅一几一榻，令人想见其风致，真令神骨俱泠。"这是元代高士的生活写照，也是元代隐士的赏石法理。

元代魏初《湖山石铭》序说："峰峦洞壑之秀，人知萃于千万仞之高，而不知拳石突兀，呈露天巧，亦自结混茫而轶埃氛者，君子不敢以大小论也。"

石有君子之德，何以大小论之？

元代砚山兴盛，最为文人赏石推崇。《素

■青田石雕猫头鹰

园石谱》记林有麟藏"玉恩堂砚山"，"余上祖直斋公宝爱一石，作八分书，镌之座底，题云：此石出自句曲外史。高可径寸，广不盈握。以其峰峦起伏，岩壑晦明，东山之麓，白云暧逮，浑沦无凿，凝结是天，有君子含德之容。当留几席谓之介友云"。

林有麟题有诗句：

奇云润壁，是石非石。
蓄自我祖，宝滋世泽。

■金玉满堂石雕

以上论及的林有麟先祖、张雨、赵孟頫、倪瓒都珍藏砚山，元代文人置砚山于文房也蔚然成风。

根据考证，在形象资料中，元代时，赏石底座已经得到普遍应用。如山西芮城县永乐宫三清殿，元代《白玉龟台九灵太真金母元君像》，元君手托平口沿方盘中，置小型峰石。

在其他资料中，不仅有须弥座，还有圆盆、葵口束腰莲瓣盆底座，而且有上圆盆下方台式复合底座。

宋代的赏石底座主要以盆式为主，一盆可以多用。元代赏石底座与石已有咬合，赏石专属底座产生于元代。

"孤根立雪依琴荐，小朵生云润笔床"，这是元朝诗人张雨在《得昆山石》诗中对昆石的赞美。

鼎盛时代 宋元历史时期

君子 特指有学问有修养的人。"君子"一词出自《易经》，被全面引用最后上升到士大夫及读书人的道德品质始自孔子，并被以后的儒家学派不断完善，成为中国人的道德典范。"君子"是孔子的人格理想。君子以行仁、行义为己任。《论语》一书，所论最多的，是关于君子的论述。

昆石，因产于江苏昆山而得名，昆石看来是以雪白晶莹，窍孔遍体，玲珑剔透为主要特征。它出自苏州城外玉峰山，古称马鞍山。

它与灵璧石、太湖石、英石同被誉为"中国四大名石"，又与太湖石、雨花石一起被称为"江苏三大名石"，在奇石中占据着重要的地位。

大约在几亿年以前，由于地壳运动的挤压，昆山地下深处岩浆侵入了岩石裂缝，冷却后形成矿脉。在这矿脉晶洞中生成石英结晶的晶簇体便是昆石。

由于其晶簇、脉片形象结构的多样化，人们发现它有"鸡骨""胡桃"等10多个品种，分产于玉峰山之东山、西山、前山。

鸡骨石由薄如鸡骨的石片纵横交错组成，给人以坚韧刚劲的感觉，它在昆石中最为名贵；胡桃石表皱纹遍布，块状突兀，晶莹可爱。此外，昆石还有"雪花""荷叶皱"等品种，多以形象命名。

阅读链接

元代，发现了另一种精美的观赏石，那就是齐安石，产于湖北省，黄州城西有小山，山上多卵石，黄州古时名为齐安。故名齐安石，亦称黄州石。

黄州石质地坚而柔韧，光滑圆润，温莹如玉；呈红黄之深浅色，有的纹理细如丝，既鲜丽，又宛然；形状多为椭圆、扁圆，也有奇形怪状的，以奇形为佳；大者如西瓜，最小者亦似黄豆粒。

黄州石是一种五彩玛瑙石，宋苏东坡首藏，至元代大量应用于观赏。其赏玩最好是水浸法，水浸石长年润泽不枯，生机盎然，石子色泽、纹理、图案尽显，有极高的观赏价值。

明清历史时期

　　明朝，文人士大夫思想的个性解放，与魏晋南北朝时期颇有契合之处。仕途的闭塞，使士子不复他想，王阳明的心学使士人更加关注生活的情趣和生命的体认。明代精致小巧的理念，深刻地影响到造园选石与文房赏石，成为士人赏石的经典传承。

　　进入清代，随着近代科学文化的发展，自然山水的审美也进入了新的阶段，人们逐渐摆脱了山石自然崇拜的束缚，开始与自然科学研究结合起来。

重新兴盛的明代赏石文化

明代的江南园林，变得更加小巧而不失内倾的志趣和写意的境界，追求"壶中天地""芥子纳须弥"式的园林空间美。明末清初《闲情偶寄》作者李渔的"芥子园"也取此意。

晚明文震亨《长物志·水石》中说："一峰则太华千寻，一勺则江湖万里。"是以小见大的意境。

晚明祁彪佳的"寓山园"中，有"袖海""瓶隐"两处景点，便有袖里乾坤、瓶中天地之意趣。

荷花与怪石

而计成在《园冶·掇山》中说："多方胜景，咫尺山林，……深意画图，余情丘壑"，也表明了当时赏石文化的特色。

明朝晚期，扬州有望族郑氏兄弟的4座园林，被誉为江南名园之四。其中诗画士大夫郑元勋的"影园"，就是以小见大的典范。

郑氏在《影园自记》中说："媚幽阁三面临水，一面石壁，壁上植剔牙松。壁下为石洞，洞引池水入，畦畦有声。洞边皆大石，石隙俱五色梅，绕阁三面至水而止。一石孤立水中，梅亦就之。"

赏石与幽雅小园谐就致趣，所谓"略成小筑，足征大观"是也。

■ 明代赏石

于敏中《日下旧闻考》说："淀水滥觞一勺，明时米仲诏浚之，筑为勺园。"米万钟在北京清华园东侧建"勺园"，取"海淀一勺"之意，自然以水取胜。明王思任《米仲诏勺园》诗："勺园一勺五湖波，湿尽山云滴露多。"

米万钟曾绘《勺园修禊图》长卷，尽展园中美景。《日下旧闻考》记："勺园径曰风烟里。入径乱石磊砢，高柳荫之。……下桥为屏墙，墙上石曰雀浜。……逾梁而北为勺海堂，堂前怪石蹲焉。"园中赏石亦为奇景。

《帝京景物略》称勺园中"乱石数垛"，后来颐和园中蕴含"峰虚五老"之意的五方太湖石，就是勺园的遗石，象征一年四季之"春华、秋实、冬枯、夏荣"的四季石与老寿星并称为"峰虚五老"，象征长寿之意。

米万钟（1570—1628），明代书画家。字仲诏，陕西安化人，徙居燕京，米芾后裔。官太仆寺少卿，江西按察使等职。有好石之癖，善山水，花竹，书法行、草俱佳，既有南宫蒙法，也有章草遗迹。与董其昌齐名。称"南董北米"。

■雨花石千枝腊梅

米万钟建"勺园"应在万历晚年。他在京城还有"湛园""漫园"两处园林，但都不及"勺园"名满京城，明朝万历至天启年间，京都的达官显贵、文人墨客皆到米氏三园游览，米万钟也因园名

噪，京都名流皆赞：米家有四奇，即园、灯、石、童。

米万钟对五彩缤纷的雨花石叹为奇观，于是悬高价索取精妙。当地百姓投其所好争相献石，一时间多有奇石汇于米万钟之手。

米万钟收藏的雨花石贮满大小各种容器。常于"衙斋孤赏，自品题，终日不倦"。其中绝佳奇石有"庐山瀑布""藻荇纵横""万斛珠玑""三山半落青天外""门对寒流雪满山"等美名。并请吴文仲画作《灵岩石图》，胥子勉写序成文《灵山石子图说》。米万钟对雨花石鉴赏与宣传，贡献良多。

米万钟爱石，有"石痴"之称。他一生走过许多地方，向来以收藏精致小巧奇石著称。明代闽人陈衎《米氏奇石记》说："米氏万钟，心清欲澹，独嗜奇石成癖。宦游四方，袍袖所积，唯石而已。其最奇者有五，因条而记之。"他在后面文中所记五枚奇石：两枚高四寸许、一枚高八寸许、两枚大如拳，皆精巧小石也。

其后，林有麟藏雨花石也很有成就，所著《素圆石谱》精选35品悉心绘制成图，一一题以佳名。

再后，姜二酉也是热心收藏雨花石的大家。姜二酉本名姜绍书，明末清初藏书家、学者，字二酉，号晏如居士。

随着中外交流日益频繁，明代已经能够经常见到西洋人了，于是姜二酉所藏雨花石也有起名如"西方美人"，此石长约4.9厘米，宽约2.7厘米，色草黄椭圆形而扁。上有西洋美女首形，头戴帽一顶，两肩如削，下束修裙，细腰美颊，丰胸凹腹，体态轻盈，人形全为黑色。

再如雨花石精品"暗香疏影"，石为径约3.3厘米的圆形，质地嫩黄，温润淡雅，上有绿色枝条斜生石面，枝上粉红花纹绕之，鲜润艳丽，如同一树梅花，颇具诗意。

还有神秘色彩的雨花"太极图"，该石为球状，黑白分明，界为曲形，成为一幅极规范的太极图。

姜绍书之祖养讷公，是孙石云之馆甥，曾与石云到古旧物市场，他年到一圆石莹润精彩，摇一下听声好似空心，石云以为是璞玉，买回后请人剖开。一看里面是一天成太极图，黑白分明，阴阳互位，边缘还环绕着如霞般的红线。

此石经转手到了严嵩手中，后来严嵩被抄家，此石落入明代皇宫内府。

而取名"云翔白鹤"的雨花石，则石质淡灰如云，云端中跃然一只白鹤，其翱翔神态栩栩如生。

■ 雨花石 一枝梅

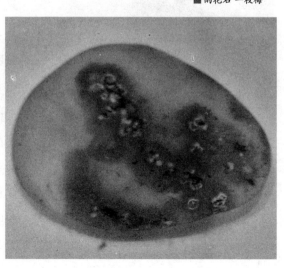

文徵明（1470—1559），明代中期最著名的画家、大书法家，号"衡山居士"，世称"文衡山"，官至翰林待诏。"吴门画派"创始人之一。与唐伯虎、祝枝山、徐祯卿并称"江南四大才子"。与沈周共创"吴派"，与沈周、唐伯虎、仇英合称"明四家"。

"梅兰竹菊"为4块雨花石，梅石疏影横斜；兰石幽芳吐馥；竹石抱虚传翠；菊石傲霜迎风。四石各具其妙。

另外，神奇孤品"老龟雏鹅"，此石黑质白章，大近6.6厘米，一面为伸颈老龟之大像，另一面是一只天真的小鹅雏。

明代南方文气极盛，如有名的"江南四大才子"，四才子之一文徵明长子文彭，字寿承，号三桥，明朝两京国子监博士，人称文国博。幼承家学，诗、文、书、画均有建树。尤精篆刻，开一代印论之先河。

明中叶的六朝古都南京，王气不再，经济文化却很繁荣。

1557年的一天，一位读书人肩舆青童，逍遥过市，来到珠宝廊边的西虹桥时，听到阵阵争吵声，于是下轿观看。

只见一位外地老汉，身负两筐石头，身边一只羸瘦的毛驴，也驮着两筐石头，正与一位本地人理论。见有读书人到来，老汉赶忙上前请求主持公道。

原来那个本地人约定要买老汉的石头，老汉带来4筐石头，因路途遥远，很是辛苦，恳求买家加些路费，买家坚决不肯，于是两人争执不下。

■ 青田石观音菩萨塑像

读书人仔细打量了一番说，两位不必争吵，我出两倍价钱外加运费，收下这4筐石头，于是这桩公案圆满了结。谁也没有料到，这4筐石头的出场，竟然石破天惊，引发了一场我国印学史上的重大革命。

明代，国家最高学府是国子监。朱棣迁都北京，重设国子监，而留都南京的国子监依然保留，于是有了"南监""北监"之分。而买下那4筐石头的读书人，就是南京国子监博士文彭，而那4筐石头即为著名的青田"灯光冻"。

玺印为执信之物，艺术滥觞

■青田石雕龙蛋石

于先秦，兴盛于两汉，衰微于唐宋，巅峰于明清。明吴名世《翰苑印林·序》说："石宜青田，质泽理疏，能以书法行乎其间，不受饰，不碍力，令人忘刀而见笔者，石之从志也，所以可贵也。故文寿臣以书名家，创法用石，实为宗匠。"

青田石硬度小，文彭以此石为材，运用双钩刀法，奏刀有声，如笔意游走，实为开山宗师。

文彭也是边款艺术的缔造者，除了印文，他在印章的其他五面，以他深厚的书法功底和文化学养，师法汉印，锐意进取，篆刻出诗词美文、警句短语、史事掌故等，使印章成为完美的艺术品。

明代周应愿在《印说》中写道："文也、诗也、书也，与印一

■ 青田石雕岁寒三友

也。"这种"印与文诗书画一体说",将印提升到最高的审美境界。文彭正是这种艺术的集大成者。

《琴罢倚松玩鹤》印章,为文彭50岁时力作,四面、顶部皆有款识,共刻有70余字。松荫鹤舞,鼓琴其间,啸傲风雅。印款笔势灵动,用刀苍拙,直是汉魏遗风。印文边缘多有残损,颇有金石古韵。印石彰显出文人宽怀从容、淡雅有格的自信神态。

为印石艺术传播推波助澜的人,还有一位文彭的挚友,以诗文名世,官至兵部左侍郎的汪道昆。他在文彭家里看到4筐石头,随即出资买下100方印石,请文彭、何震师徒镌刻。

不久,汪道昆到北京特意拜访吏部尚书,尚书也渴望得到文彭的印章。于是文彭又被任命为北京国子监博士,这就是文彭"两京国子监博士"的由来。而印石艺术也迅速传向北方。

这一时期,尤其开发了除青田石之外的寿山石。寿山石因分布于福州市郊的寿山而得名,又可分为田坑石、山坑石、水坑石三大类。

关于寿山石的来历,当地流传着几种不同版本的故事:

相传,在天帝御前凤凰女神奉旨出巡到福州北峰郊区寿山,在寿山秀丽景色的吸引下,途中按下云端,在寿山的幽林山野中憩息片刻,喝了金山顶的天泉水,又食了猴潭的灵芝果,在寿山溪的清泉沐浴戏水,嗣后,更枕着高山的山峰酣然而睡。

当凤凰女神一觉醒来的时候，百鸟正朝她歌唱，此时山花也为她怒放，而自己身上的羽毛也变得更鲜艳，更加溢彩流露，体态愈加雍容华贵，令她对寿山生起来了思恋之情。

凤凰女神离别之际，依依不舍，离愁无限，她希望自己的后代能在这秀丽无比的山间阔地繁衍生息，后来凤凰女神留下彩卵变成了晶莹璀璨、五颜六色的寿山石。

此外，还有"仙人遗棋子陈长寿捡石发大财"的传说：

传说过去北峰的寿山不叫"寿山"。山下住着个樵夫叫"陈长寿"，十分喜欢下棋，而且棋艺很高。有一天，陈长寿上山，看见两位老人在一块大岩石上下棋，心里发了痒，就站在旁边看得入了迷。

两位老人觉得有趣，便说："先生，难道你也懂得下棋？"

陈长寿点点头笑着说："颇懂得一些。"

两位老人都高兴起来："那好，我们同先生下几盘棋。"

想不到，下几盘棋，陈长寿都赢。老人说："想不到人间有这么高的棋艺。今天我们都输给了你，没有什么好送，就这一盘棋子给你吧！今后你不必去砍柴了，自有好日子过。"说罢化作一阵风走了。

陈长寿知道两位老人必是神仙，忙收拾了残棋，跪在大岩石上朝着苍天叩谢仙人的送棋之恩。

陈长寿得了一盘棋子，依然没有忘记砍柴回家。他一边砍着柴，一边还想着下棋的事。谁知不小

■ 寿山石雕刻品

心，袋子里的棋子都掉到地上。正想捡起来，一颗颗棋子忽然间都变成了五颜六色的小石头。

小石头长成大石头，大石头又生下小石头。陈长寿捡着捡着，一时也捡不完。陈长寿并不贪心。他捡了一些小石头，便挑一担柴回家，对妻子说了神仙赠棋的事。

妻子说："你真傻，这些石头说不定都是宝贝，可以卖许多钱。明天你也不用去砍柴。我们一起到山上去捡石头。"

自此陈长寿夫妇天天上山捡石头。每天天色将暗，石头差不多也将捡尽了，可是第二天又会生出许多的石头。

陈长寿捡了石头后挑到福州，果然卖了许多的钱。自此陈长寿发大财，出了名。以后这座山就用他的名字称"寿山"。那些小石头也称为"寿山石"……

由于寿山石"温润光泽，易于奏刀"的特性，很早就被用于作雕刻的材料。寿山上的僧侣，闲时就地取材，用寿山石雕香炉、佛像等，还被广泛作为殉葬的石俑。

在福州市区北郊五凤山的一座南朝墓中，就发现两件寿山石猪

田黄石摆件

俑，这说明，寿山石在1500多年前的南朝，便已被作为雕刻的材料。

环绕着寿山村的是一条涓涓的流水溪泉，就在这涓涓绕村行的寿山溪两旁的水田底层，出产着"石中之王"之称的寿山石。因为产于田底，又多现黄色，故称为田坑石或田黄。

田石以色泽分类，一般可主要分为田黄、红田、白田、灰田、黑田和花田等。

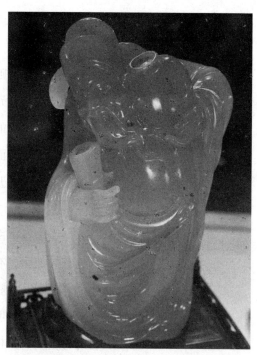

■ 田黄石雕作品太白醉酒

田黄石是寿山田石中最常见的品种，也是最具代表性的石种。田黄的共同特点是石皮多呈微透明，肌理玲珑剔透，且有细密清晰的萝卜纹，尤其黄金黄、橘皮黄为上佳，枇杷黄、桂花黄等稍次，桐油黄是田黄中的下品。

田黄石中有称田黄冻者，是一种极为通灵澄澈的灵石，色如碎蛋黄，产于中坂，十分稀罕，自明代以前即列为贡品。

而田黄石的由来，更有传说与明朝开国皇帝朱元璋有着密切的关系：

相传在元朝末年，天下大乱，安徽凤阳的穷小子朱元璋，为了躲避灾荒逃到了福州寿山。他饥寒交迫，又偏偏碰到大雨，走投无路之下，就躲进了一个

贡品　贡品多为全国各地或品质优秀或稀缺珍罕，或享有盛誉，或寓意吉祥的极品和精华。在历史演进的过程中逐步形成了贡品文化，包括制度、礼仪、生产技艺、传承方式、民间传说故事等。贡品文化是集物质和非物质文化于一体的我国特有的文化遗产。

朱元璋（1328—1398），明朝开国皇帝。25岁时参加郭子兴领导的红巾军，1361年受封吴国公，自称吴王。1368年，于南京称帝，国号大明，年号洪武，建立了全国统一的封建政权。在位期间努力恢复生产、整治贪官。统治时期被称为"洪武之治"。

寿山石农采掘寿山石的山洞。

这场雨一连下了几天，他也就在山洞里睡了几天，幸好没有饿死，否则就没有后来的明太祖了。

等到雨止天晴，朱元璋一骨碌爬了起来，这时奇迹发生了，他原先满身的疥疮，突然不治而愈。原来他睡在田黄石的石粉上面，是田黄石治好了他的病。到后来，他当了明朝的开国皇帝，还专门派太监来开采田黄石……

白田石是指田石中白色者，质地细腻如凝脂，微透明，其色有的纯白，有的白中带嫩黄或淡青。石皮如羊脂玉一般温润，越往里层，色地越淡，而萝卜纹、红筋、格纹却愈加明显，似鲜血储于白绫缎间。石品以通灵、纹细、少格者为佳，质地不逊于优质田黄石。

田石中色红者称为红田石。生为红田有两种原因，一为自然生成一身原红色；二为人工煅烧而成后天红，天生的红田石称为橘皮红，是稀有石种。

寿山村外原有一座"广应寺"，建于884年。寺中僧人时常采集田黄石，研磨成粉末给周围百姓治病，未用的石头储存于寺内，积攒田黄无数。

元末战乱，广应寺因

■红田石雕野鸭

曾收留过朱元璋而被元兵付之一炬，连同僧人辛辛苦苦积攒起来的田黄石也沉没于火中，田黄石经火炙后又埋入土中。

造化弄人，数百年的日晒雨淋、水分浸蚀不但没有让这些深埋于废墟之下的田黄石黯然失色，特殊土壤的滋养反而赋予了它们更为绚丽的生命，既保留了田黄石原有的优良品质，更进一步成就了其温润如古玉的厚重质朴的独特魅力。

此时的"寺坪田"寿山石不再仅仅是简单的石头，更像是历经风云变幻后的智者，它们静静地守护着广应寺这片饱经沧桑的土地，记录了历史，见证了岁月的变迁。

广应寺在明洪武和崇祯年间，两次焚毁、重建，明时寺坪石的数量颇多，到广应寺附近采集寺坪石也成为文人雅士的风尚，寺坪田的身价逐年上涨，在当时就已经是"易金十倍"了。

寿山村东南有山名坑头山，是寿山溪的发源地，依山傍水有坑头洞和水晶洞，是出产水坑石的地方。因为洞在溪旁，石浸水下，故又称"溪中洞石"。

水坑石出石量少，佳质尤罕，是寿山石中各种径冻石的荟萃，主要品种有水晶冻、黄冻、天蓝冻、鱼脑冻、牛角冻、鳝鱼冻、环冻、坑头冻及掘性坑头等，色泽多黄、白、灰、蓝诸色。

山坑石，是寿山石中的大宗，是高中档寿山石印章和石雕艺术品的主要原料来源。高山系是山坑石的总代表。

■寿山石苍鹰

高山石通灵莹丽，唯石品多达上百种，石质优劣各异，命名多不规范，以色、以相、以产地、以始掘者命名现象都有。以色分类的有红高山、白高山、黄高山、虾背青、巧色高山。

高山石以相分类的有高山冻、高山环冻、高山晶、掘性高山、高山桃花冻、高山牛角冻、高山鱼脑冻、高山鱼鳞冻。以产洞命名的有和尚洞高山、大洞高山、玛瑙洞高山、油白洞高山、大健洞高山等。

在高山东北2千米处的杜陵山中，出产一族相对独立的石材，统称杜陵坑石。杜陵坑石品种繁多，亦有以石色、开采人名和开采方式来区别命名石种的习惯，如白杜陵、红杜陵、黄杜陵、杜陵晶、棋源洞杜陵等。

源于杜陵坑山临溪处的善伯洞，从质地来讲，此石温腻脂润、半透明、性微坚，肌理多含金砂点和粉白点，杜陵坑石则无。从颜色上看，色多鲜艳，屡出佳石，其石分为红善伯洞、黄善伯洞、白善伯洞、善伯晶、银裹金善伯洞、善伯尾等。

在寿山村东南8千米处有月洋村，有座山称月洋山，其周遭所产寿山石统称月洋系石。月洋山产石仅十余种，其中最佳丽的神品，要称芙蓉石，芙蓉石被称为我国"印石三宝"之一。

芙蓉石洞在月洋山顶峰，石质极为温润，凝脂，细腻，虽不甚透明，然雍雅尽在其中。

同时，芙蓉石亦是寿山石中一大石族，以色划类，分为红芙蓉、白芙蓉、黄芙蓉、芙蓉青、红花冻芙蓉；又有以洞分类者，称将军洞芙蓉、上洞芙蓉等。

旗降石质地细腻脂润，微透明或不透明，富有光泽，年久不变，在寿山石中韧性最强。色泽很丰富，以黄色为基调，有黄、红、白、紫、灰等色，或单色，或两三色相间，色泽深浅变化，或浓或淡，相互辉映。

旗降石石质结实，温润，坚细，凝腻，微透明或不透明，实有光泽，色彩丰富，以红、黄、紫、白等两色及多色相间者常见，是寿山石中一大家族，如黄旗降、红旗降等。

杜陵坑山各洞均有剥离于石脉的独石，埋藏于坑洞周围的砂土中，由掘取而得。掘性杜陵坑石石质脂润，微透明，唯不及洞产石通灵，有网状或环状纹，但纹理紊乱。黄色掘性杜陵坑石，有桂花黄、枇杷黄、橘皮黄，有时亦出现萝卜纹。石皮红筋，易与田黄石相混。

晚明时期，文房清玩达到鼎盛，形制更加追求古朴典雅。晚明屠隆所著《考槃馀事》记载有45种古人常用的文房用品。

文彭之孙文震亨在《长物志》中列出49项精致的文房用具。精巧的奇石自然是案头不可或缺的清玩。

如《长物志》中说道："石小者可置几案间，色如漆、声如玉者最佳，横

■寿山石雕荔枝

■ 寿山石雕海霸王

石以蜡地而峰峦峭拔者为上。"

因几案陈设需要精小平稳，明代底平横列的赏石和拳石更多的出现，体量越趋小巧。晚明张应文《清秘藏》记载：灵璧石"余向蓄一枚，大仅拳许，……乃米颠故物。复一枚长有三寸二分，高三寸六分，……为一好事客易去，令人念之耿耿"。

晚明高濂《燕闲清赏笺》说："书室中香几，……用以阁蒲石或单玩美石，或置三二寸高，天生秀巧山石小盆，以供清玩，甚快心目。"晚明时候，精致赏石在文房中已占有重要地位。

明代精致文化的繁荣发展，促进了园林、文房、赏石精致理念的普遍认知。这种认知，又促使文人著书立说，创造了更加精深的典籍，成为精致文化的传承宝库。

晚明计成，字无否，苏州人。计成游历山川胜景，又是山水绘画高手，因造园技艺超群而闻名遐迩。他曾为郑元勋造"影园"，为吴又予建"吴园"，为汪士衡筑"吴园"，都是技艺精湛、以小见大的典范。

计成《园冶·掇山》中说："岩、峦、洞、穴之莫穷，涧、壑、坡、矶之俨是。信疑无别境，举头自有深情。蹊径盘且长，峰峦秀而古。多方景胜，咫尺山林。"

奇石在造园中是不可替代的景观，能创造出以小见大的自然胜景。《掇山》对造园的景观石有很深的见解。释"峰"为："峰石一块者，相形何状，造合峰纹石，令匠凿笋眼座，理宜上大下小，立之可观。"释"峦"说："峦，山头高峻也，不可齐，亦不可笔架式，或高或低，随至乱掇，不排比为好。"释"岩"说："如理悬岩，起脚宜小，渐理渐大，及高，使其后坚能悬。"

计成释石之说，既是造园之谈，又是鉴石之道。他的《园冶》是世界上最早的园林专著，对我国乃至世界造园艺术都产生了重大影响。

文震亨所著《长物志》是晚明士大夫生活的百科全书，其中论及案头奇石，尤有深意。

《长物志·水石》卷说："石令人古，水令人远，园林水石不可无。要须回环峭拔，安置得宜。一峰则太华千寻，一勺则江湖万里。"

前句言石令人返璞之思，水引人做清隐之想。后句示于细微处览山水大观，意境深洞成玩家圭臬。

《长物志》是文房的经典、赏石的精致、生活的精细，是晚明士子的百科全书。雅趣深至，广播于四海。

江苏江阴人徐霞客，名弘祖，霞客是友人为他取的号，徐霞客走遍我国的名山大川，历尽千难万险，直至生命的最后一刻。后人根据他的日

文震亨（1585—1645），字启美，江苏苏州人，祖籍长州。文徵明曾孙，文彭孙，文震孟之弟元发仲子。1625年，为中书舍人，给事武英殿。他长于诗文绘画，善园林设计，著有《长物志》十二卷，为传世之作。他的小楷清劲挺秀，刚健质朴，一如其人。

■灵璧石美猴王

徐霞客（1587—1641），名弘祖，字振之，号霞客，明南直隶江阴人。伟大的地理学家、旅行家和探险家。中国地理名著《徐霞客游记》的作者。被称为"千古奇人"。把科学和文学融合在一起，探索自然奥秘，调查火山，寻觅长江源头，更是世界上第一位石灰岩地貌考察学者，其见解与现代地质学基本一致。

126

天下奇石

赏石文化与艺术特色

徐霞客于1630年，自福建华封绝顶而下，考察九龙江北溪，留有闽游日记，其中描述一块巨石："余计不得前，乃即从涧水中，攀石践流，逐抵溪石上。其石大如百间房，侧立溪南，溪北复有崩崖壅水。水即南避巨石，北激崩块，冲捣莫容，跌隙而下，下即升降悬绝，倒涌逆卷，崖为倾，舟安得通也？"后来华安，即取华封、安溪两字头为名。

北溪落差极大，水流湍急，古来自华封绝顶至新圩古渡，舟楫不行，只能徒步攀缘。徐霞客当年两赴北溪考察，应当是九龙璧美石的最早的发现者。

九龙江畔青山绿水、落差大、水流急、水质好，江水长年累月清澈见底，两岸四季常青，九龙璧观赏石历经漫长岁月，受急流的冲刷、拍击、磨洗、滚动，自然造就千姿百态，斑驳、离奇，集柔美、秀美、壮美、雄美于一身。

九龙璧质地细腻坚硬，色彩斑斓，纹理清晰，形态各异，自古有"绿云""红玛瑙"之称，自唐宋年间即被列为贡品，主要成分多是长条状颗粒平行层理分布，因而呈现出紫红色、淡黄色、翠绿色及墨绿色条带状弯曲结构纹理，每件产品表面都是一幅天然的抽象画。

■ 美丽的奇石

九龙璧蕴含丰富的文化内涵，意韵丰富，蕴含深刻，其质美，美在坚贞雄浑；色美，美在五彩斑斓；纹美，美在构图逼真；形美，美在造型奇巧；意美，美在意味深长。其中蕴含的天地灵气、日月精华，无比奥妙神奇，只可意会，不可言传。

美丽的奇石

九龙璧观赏石因硬度、密度高，吸水率几乎为零，故遇水后不变色、不易附着污物，使用中不易产生划痕，这是一般花岗岩不能比拟的。九龙璧石，似石非石，犹如硅质碧玉，五彩斑斓，嵯峨万象，其自然美和沧桑感是其他岩石类无法比拟的，是石中一绝。

在流水喷泉之中，九龙璧会幻化出多种色彩；在阳光下，干燥无水的九龙璧颜色内敛，不刺目，显得沉静；在阴天里，九龙璧那或碧绿，或紫红，或青紫，或脂白，或古铜，或金黄的多姿色彩，让人一扫沉闷，心情为之开朗；在洒水下，九龙璧的色彩，会从无到有、从浅到深，不断变化，令人觉得九龙璧精灵之神奇。

精美的九龙璧，用它的色彩在歌唱。这种因时、因水而变幻色彩的特性，是其他石种所难以企及的，让人赏心悦目、心旷神怡。

徐霞客在考查路上，搜集了各种光怪陆离的石头。据《徐霞客游记》记载，1639年，徐霞客在云南大理以百钱购得大理石一小方。

同年，徐霞客在云南得翠生石，并制作器皿："二十六日，崔、顾同碾玉者来，以翠生石畀之。二印池、一杯子，碾价一两五钱。此石乃潘生所送者。先一石白多而间有翠点，而翠色鲜艳，逾于常石。……余反喜其翠，以白质而显，故取之。又取一纯翠者送余，以为妙品，余反见其黯而无光也。今令工以白质者为二印池，以纯翠者为杯子。"

徐霞客在云南考察玛瑙山："凿崖进石，则玛瑙嵌其中焉。其色有白有红，皆不甚大，仅如拳，此其蔓也。随之深入，间得结瓜之处，大如升，圆如球，中悬为宕，而不粘于石。宕中有水养之，其精莹坚致，异于常蔓，此玛瑙之上品，不可猝遇；其常积而市于人者，皆凿蔓所得也。"

徐霞客游水帘洞，在旱洞取走两个完整的钟乳石，并将所得怪石都集中到玛瑙山，以便返乡时带回。

钟乳石又被称为石灰华，多产于石灰岩溶洞中。钟乳石有多种颜色，乳白、浅红、淡黄、红褐，有的多种颜色间杂，形成奇彩纷呈的

■扇形钟乳石

图案，常常因含矿物质成分不同，而色彩各异。

它的形状千奇百怪，笋状、柱状、帘状、葡萄状，还有的似各种各样的花朵、动物、人物，清晰逼真，栩栩如生。此石表面滑润，取其根部可磨出鲜艳精美的图案。

如有一块著名的叫"嫦娥奔月"的钟乳石，呈现出一片红褐色天空，流淌着一条蜿蜒的银河，就在河之半圆中，嫦

娥拖着白色长裙，势欲飞奔，真是活灵活现，妙趣横生。

所以，钟乳石用途广泛，给它配上底座，放置于客厅茶几上，十分美观；将它植于陶盆中，因石上有细孔累累绕之，可栽花种草，组成山水盆景，也显得高雅清秀。

1640年，云南丽江木增太守派出一支人马，抬着双足俱废的徐霞客，连同他的书籍、手稿、怪石、古木等物品，历时半年，万里迢迢送回他的故乡。

钟乳状蓝文石

据友人陈函辉《徐霞客墓志铭》记载：徐霞客回到家乡江阴后卧病在床，"不能肃客，惟置怪石于榻前，摩挲相对，不问家事"。翌年正月病逝。

明末松江府华亭人林有麟，字仁甫，号衷斋，累官至龙安知府。画工山水，爱好奇石。中年撰写《素园石谱》，以所居"素园"而得名。林有麟是奇石收藏家，他在《素园石谱自序》中说："而家有先人'敝庐''玄池'石二拳，在逸堂左个。"林有麟祖上就喜爱奇石，除以上两石，尚有"玉恩堂砚山"传至林有麟手中。

林家还藏有"青莲舫砚山"，其大小只有掌握，却沟壑峰峦孔洞俱全。他在素园建有"玄池馆"专供藏石，将江南三吴各种地貌的奇石都搜集到，置于馆中，时常赏玩。朋友何士抑送给林有麟雨花石若干枚，他将其置于"青莲舫"中，反复品赏把玩，还逐一绘画图形、品铭题咏，附在《素园石谱》之末，以"青莲绮石"命名之。

《素园石谱》全书分为4卷，共收录奇石102种类，249幅绘图。景观石为最大类别，其中又有山峦石、峰石、段台石、河塘石、遮雨石等形态。另外还有人物、动物、植物等各种形态的奇石。化石、文房石、以图见长的画面石等也收录在谱，可谓洋洋大观。

明代是我国传统文化的鼎盛时期，各类艺术渐臻完备，明式家具几成中国经典家具艺术的代名词。赏石底座也随势而上，得到充分发展。明代赏石底座专属性已经成熟，底座有圆形、方形、矩形、梯形、随形、树桩形、须弥座等门类的诸多形状。圭脚主要有垛形和卷云形两种。

明代制作石底座的高手，集中在经济发达的苏州、扬州、南通、松江一带，通称苏派。苏派用料讲究、做工精细，风格素洁文雅、圆润流畅，后世技艺传承不衰。

阅读链接

"奇峰乍骈罗，森然瘦而雅"，这是明人江桓在获得三峰英石之后发出的赞叹。英石亦是四大名石之一，因产于广东省英德县英德山一带而得名。

它开发较早，在北宋人赵希鹄的《洞天清禄》、杜绾《云林石谱》即有著录。陆游在《老学庵笔记》中也写道："英州石山，自城中入钟山，涉锦溪，至灵泉，乃出石处，有数家专以取石为生。其佳者质温润苍翠，叩之声如金玉，然匠者颇秘之。常时官司所得，色枯槁，声如击朽木，皆下材也。"

英石分为水石、旱石两种，水石从倒生于溪河之中的巉岩穴壁上用锯取之，旱石从石山上凿髓一般为中小型块，但多具峰峦壁立、层峦叠嶂、纹皱奇崛之态，古人有"英石无坡"之说。英石色泽有淡青、灰黑、浅绿、黝黑、白色等。

再达极盛的清代赏石文化

进入清代，享受自然山水美的同时，不少人对自然山水进行了详细考察、探索，揭示名山大川的自然奥秘，使山水审美和山水科学相结合，促进了山水审美的不断深化。

明末清初，园林发展迅速，一些著名的文人画家也积极参与造园，园林中置石、叠石以奇特取胜，把绘画、诗文、书法三者融为一体，使园林意境深远，更具诗情画意。

■扬州个园假山

如建于清嘉庆年间的扬州个园中有四季假山，采用以石斗奇、分峰用石的手法，表现春、夏、秋、冬意境。

园的正前方为"宜雨轩"，四面虚窗，可一览园中全景，园的后方为抱山楼，楼上下各有七楹，西连夏山，东接秋山，春景，在竹丛中选用石绿斑驳的石笋插于其间，取雨后春笋之意。以"寸石生情"之态，状出"雨后春笋"之情，看着竹叶让人会意"月映竹成千个字"，这也是个园得名缘由之一。

这幅别开生面的竹石图，运用惜墨如金的手法，点破"春山"主题，告诉人们"一段好春不忍藏，最是含情带雨竹"。同时还传达了传统文化中"惜春"理念。

如果说园门外是初春之景，那么过园门则是仲春的繁荣，这里用象形石点缀出十二生肖忙忙碌碌争相报春，还有花坛里间植的牡丹芍药也热热闹闹竞吐芳华，好一派渐深渐浓的大好春光。

令人惊奇的是，这种春色的变化是在不知不觉间自然而然完成的。个园春山宜游，原不在游程长短，而在游有所得，游有所乐。

夏景，是在浓荫环抱的荷花池畔叠以太湖石，使人感到仲夏的气息。造园者利用太湖石的凹凸不平和瘦、透、漏、皱的特性，叠石多而不乱，远观舒卷流畅，叠石似云翻雾卷之态巧如云、如奇峰；近视

天下奇石 赏石文化与艺术特色

■ 个园内的亭榭与奇石

则玲珑剔透，似峰峦、似洞穴。

■ 扬州个园夏山

山上古柏，枝叶葱郁，颇具苍翠之感；山的北面有一池塘，在睡莲之间不停地有游鱼穿梭，静中有动，趣味盎然。池塘的右侧附有一座小桥可直达夏山的洞穴。在炎热的夏天，清爽的洞穴不失为一个避暑的好去处。

拾阶向上，一株紫藤立于山顶，让游人忘却烦恼，流连忘返。夏山宜看，远看高低都是景，让人左顾右盼，目不暇接。表现了初夏至盛夏时节大自然的细腻精致，园主仕途和商场的风发之情溢于言表。

抱山楼之后，通过"一"字长廊，便是园之秋景，相传如此气势雄伟的景色出自清代画家石涛之手。如果说个园以太湖石的清新柔美曲线表现夏天的秀雅怡静，那么黄山石则凸显秋天雄伟阔大的壮观。

石涛（1642—约1707），清初四僧之一。法名原济，一作元济、道济。本姓朱，名若极。字石涛，广西全州人，晚年定居扬州。明靖江王之后，出家为僧。半世云游，饱览名山大川，是以所画山水，笔法恣肆，离奇苍古而又能细秀妥帖，为清初山水画大家，画花卉也别有生趣。并著有《画语录》。

黄山石既有北方山岭之雄，又兼南方山水之秀；黄山石有的颜色显储黄，有的赤红如染，假山主面向西，夕阳西照，色彩炫目，使秋山成为个园最富诗情画意的假山。整座山山势较高，面积也较大。整个山体分中、西、南3座，有"江南园林之最"的美誉。

最后用产于安徽的宣石来表现个园的冬，宣石因其洁白如雪的外貌又被称为雪石。

假山被置于背阴的南墙之下，终年不见阳光，又因宣石内含有石英，无论是上午背阳时，还是下午夕阳西照时，犹如积雪未消，都会营造出一幅积雪未融的感观。

造园家在西墙上有规律的开了些圆洞，组成一幅特殊的漏窗图景，使冬味更胜。

每当阵风吹过，这些洞口会随风的强弱发出不同的声音，像是冬天西北风的呼叫，通过几排透风漏月的圆孔，看到的是春景的翠清竹、春石笋，使人产生"冬天来了，春天还会远吗"的感受，同时也使冬春季节转换更为流畅自然。

■扬州个园假山

个园的四季假山堆叠精巧，精心创造了象征四季景色的假山，技术精湛，构思奇妙。假山在亭台楼阁的映衬下，更显得古朴典雅，纲邃雄奇。

石涛是我国清初杰出的大画家，他在艺术上的造诣是多方面的，无论书画、诗文还是画论，都达到高度境界，在当时起了革新的作用。在园林建筑的叠山方面，也很精通。

■扬州个园的怪石

《扬州画舫录》《扬州府志》及《履园丛话》等书，都说到他兼工叠石，并且在流寓扬州的时候，留下了若干假山作品。

如扬州"片石小筑"即为石涛之杰作，气度非凡。峭岩深壑幽洞石矶，石峰凸起，妙极自然，宛如天成，充满诗情画意。假山位于何宅的后墙前，南向，从平面看来是一座横长的依墙假山。

西首为主峰，迎风耸翠，奇峭迫人，俯临水池。度飞梁经石磴，曲折沿石壁而达峰巅。峰下筑方正的石屋两间，别具广格，即所谓"片石小筑"。

向东山石蜿蜒，下构洞曲，幽邃深杳，运石浑成。此种布局手法，主峰与山洞都更为显著，全局主次格外分明，虽地形不大，而挥洒自如，疏密有度，片石峥嵘，更合山房命意。

石涛所叠的万石园，是以小石拼凑而成山。片石小筑的假山，在选石上用很大的功夫，然后将石之大小按纹理组合成山，运用了他自己画论《苦瓜和尚画语录》上"峰与皴合，皴自峰生"的道理，叠成"一峰突起，连冈断堑，变幻顷刻，似续不续"的章法。

因此虽高峰深洞，了无斧凿之痕，而皴法的统一，虚实的对比，全局的紧凑，非深通画理又能与实践相结合者不能臻此。

因为石料取之不易，一般水池少用石驳岸，在叠山上复运用了岩壁的做法，不但增加了园林景物的深度，且可节约土地与用石，至其做法，则比苏州诸园来得玲珑精巧。

戈裕良比石涛稍后，为乾隆时著名叠山家。他的作品有很多就运用了这些手法。从他的作品苏州环秀山庄、常熟燕园等，可看出戈氏能在继承中再提高。

苏州环秀山庄多用小块太湖石拼合而成，依自然纹理就势而筑，整体感很强，悬崖、峭壁、山涧、洞壑浑然一体，并在咫尺之内形成活泼自然、景致丰富的园林景观。

个园的巨型奇石

环秀山庄假山主峰突兀于东南，次峰拱揖于西北，池水缭绕于两山之间，其湖石大部分有涡洞，少数有皴纹，杂以小洞，和自然真山接近。主峰高7.2米，涧谷约12米，山径长60余米，盘旋上下，所见皆危岩峭壁，峡谷栈道，石室飞梁，溪涧洞穴，如高路入云，气象万千。

正面山形颇似苏州西郊

苏州狮子林的奇石

的狮子山，主峰突起于前，次山相衬在后，雄奇峻峭，相互呼应。主山以东北方的平冈短阜作起势，呈连绵不断之状，使主山不仅有高耸感，又有奔腾跃动之势。

至西南角，山形成崖峦，动势延续向外斜出，面临水池。山体以大块竖石为骨架，叠成垂直状石壁，收顶峰端，形成平地拔起的秀峰，峰姿倾劈有直插江边之势，好似画中之斧劈法。

山脚与池水相接，岸脚上实下虚，宛如天然水窟，又似一个个泉水之源头，与雄健的山石相对照，生动自然。

主山之前山与后山间有两条幽谷：一是从西北流向东南的山涧，二是东西方向的山谷。涧谷汇合于山之中央，成"丁"字形，把主山分割成三部分，外观峰壑林立，内部洞穴空灵。

前后山之间形成宽约1.5米，高约6米的涧谷。山虽有分隔，而气势仍趋一致，由东向西。山后的尾部似延伸不尽，被墙所截。这是清代"处大山之麓，截溪断谷"之叠山手法。

山涧之上，用平板石梁连接，前后左右互相衬托，有主、有宾、有层次、有深度。更由于山是实的，谷是虚的，所以又形成虚实对比。山上植花木，春开牡丹，夏有紫薇，秋有菊花，冬有松柏，使山石景观生机盎然。

假山后面有小亭，依山临水，旁侧有小崖石潭，借"素湍绿潭，四清倒影"之意，故取名"半潭秋水一房山"。

假山逼真地模拟自然山水，在660多平方米左右的有限空间，山体仅占半亩，然而咫尺之间，却构出了谷溪、石梁、悬崖、绝壁、洞室、幽径，建有补秋舫、问泉亭等园林建筑。

由于戈裕良掌握了石涛的"峰与皴合，皴自峰生"的道理，因而环秀山庄深幽多变，以湖石叠成；而燕园则平淡天真，以黄石掇成。

前者繁而有序，深幽处见功力，如王蒙横幅；后者简而不薄，平

苏州留园奇石冠云峰

淡处见蕴藉，似倪瓒小品。盖两者基于用石之不同，因材而运技，形成了不同的丘壑与意境。

留园则以特置山石著称，江南名石之冠"冠云峰"就矗立在留园东部，林泉耆硕之馆以北，因其形又名观音峰，是苏州园林中著名庭院置石之一，充分体现了太湖石"瘦、漏、透、皱"的特点。

冠云峰相传为宋代花石纲遗物，因石巅高耸，四展如冠，所以取名"冠

■ 苏州留园奇石

云"，另一说认为冠云之名出自郦道元《水经注》中"燕王仙台有三峰，甚为崇峻，腾云冠峰，高霞云岭"。此地原有名石瑞云峰，也有说法认为园主以冠云表达超过原石之意。

冠云峰高5.7米，底高0.8米，总高为6.5米，重约5吨，其高大为江南园林中湖石之最，与位于苏州的瑞云峰、上海豫园中的玉玲珑、杭州江南名石苑中的绉云峰并称为江南四大奇石。

江南园林发展迅猛，以宅园为多，它与住宅建筑紧密相连，实际上是住宅空间的延续，掇山、理水、布石、种花、点缀亭榭，成为自然山林之缩影。

清代在北方建造规模宏大的皇家园林，如圆明园、清漪园、静明园、避暑山庄等，都借鉴江南园林景色，因地制宜，寄情山水，状貌山川形神之美。

如在避暑山庄的建设中，就是因地制宜，顺应自

圆明园 位于北京市海淀区，是一组清代的大型皇家园林，由圆明园及其附园长春园和绮春园组成，统称为"圆明三园"。圆明园规模宏伟，运用了各种造园技巧，融汇了各式园林风格，是我国园林艺术史上的顶峰作品。圆明园不仅汇集了江南若干名园胜景，还创造性地移植了西方园林建筑，集当时古今中外造园艺术之大成。

然而以各类奇石构成一代名园。山庄内的假山，是由1703年开始，从无到有，由少增多，于1792年结束，几乎人为造景的地方，都有假山的存在。共有纯土堆山23处，叠石造山91处，土包石和石包土山3处，真山峭刻成假山和假山混渗于真山之中17处，很难计算数量。

宫殿区的假山，修造得简略而扼要，其原因一方面，是不失避暑山庄的尊严、古朴、幽雅、自然，以体现中国古典园林的艺术风格；另一方面，又体现皇家玩赏和实用意义。

凡是举行大典和处理政务的地方，如"淡泊敬诚""四知书屋""勤政殿"以及对外有影响的"清音阁""福寿堂"，只做"踏跺""抱角"，以显示山庄野趣之味。

而皇帝与皇后、妃子居住的地方，均有假山点缀，以使其庭院别致，景色宜人。例如，"云山胜地"是皇后居住的地方，除假山石"踏跺""抱角"外，还筑"庭院山"及楼前东部的"云梯山"。该处景色不仅有"黄云近陇复退阡，想象丰年入颂笺"的画意诗情，而且还能巧妙地由"云梯山"内"蹬道"跨入二层楼内的实用意义。

■ 避暑山庄内的假山

■避暑山庄内的假山

平原区内假山虽然配置不多，可是为了整理地形地貌和造景，亦做了巧妙处理。

如"春好轩"东山花外，使用混湖石叠砌一组山石小景，从而改变了那里建筑物因矩宫墙较近而显得死板的气氛。

在"巢翠亭"后部，利用青石与混湖石的特点，布置多处"散点石"，不仅美化了环境，而且石花、石笋更增秀气，使平原区院落，生机盎然。

湖区的堆土与叠石造山，最为佳美，无不利用假山做岛、造岸、修堤、筑台、叠山，造成驰名天下的"芝径云堤""月色江声""如意洲""清舒山馆""香远益清""石矶观鱼""曲水荷香""远近泉声""金山"岛屿、"烟雨楼""文津阁""环碧""戒得堂""船坞""文园狮子林"等秀丽景色与各有千秋的风貌。

山区假山，修造得更有特色。每座建筑组群，无不在原有条件的基础上利用假山处理、点缀、配置，而成其绝妙景物的。

如"山近轩"，修造在松云峡"林下戏题"东北沟里东山坡上，

康熙 清圣祖爱新觉罗·玄烨的年号，玄烨是清朝第四位皇帝、清定都北京后第二位皇帝。他8岁登基，14岁亲政。在位61年，是我国历史上在位时间最长的皇帝。是我国统一的多民族国家的捍卫者，奠下了清朝兴盛的根基，开创出康乾盛世的大局面。

■避暑山庄的奇石

又有西对面山巅"广元宫"作"借景"，地利环境，美不胜收。再加上山石护坡，沟壑叠桥，逢树作陪，构成沿路景色，深幽雅美，崎岖易行的效果。

尤为甚者，在第一重院至二重里院中间，增添了一组混湖石大假山，如同两条巨龙游浮于院中，又似两朵山花开放在庭内，确有"白沙绮石涧漫漫，坡院掩映径曲蟠，山中昨夜遇山雨，瀑帘垂下百尺湍"的情趣。

康熙和乾隆在避暑山庄营建的假山，不仅继承了我国古典园林的章法，而且创造出了承德为尊、塞北称冠的假山艺术珍品。它与江南假山并驾齐驱，驰名中外。

避暑山庄的假山，有多、全、异、绝、古、浑、野、妙、仿等特点。假山的种类齐全，形体无所不有。而且还有真山"刻峭"成假山和假山混渗于真山

之中的造山。

山庄中的假山布局各异,手法不同。如"金山"岛屿、"沧浪屿""文园狮子林""环碧""烟雨楼""文津阁"等处,它们都位于湖区地带,然而由于各自环境不同,内容要求有别。

因此,每处修造假山,布局各异,形体不同,景物和意境亦不一样。青石山做得多转折、多棱角、多平面,面面有情,混湖石山又叠成云朵形、苑艳姿、纹理通,浑厚嶙峋,从而体现出因石而宜、因景而别、形体各异、手法不同的特点与艺术成就。

避暑山庄的假山,既有绝妙造法,又有绝色景物可观,诸如由"如意洲牌坊"至"无暑清凉"那段假山,不仅山形体态堆造得优美,而且道路放在交复山谷与湖边山涧,蜿蜒起伏,曲折迂回,颇有"路随山转,山尽得屋"的佳趣。

"芝径云堤""文园狮子林""戒得堂"之假山,堆造成"水曲因岸,水隔因堤,因势利导,自成佳趣"的形体,具有"何须江南罗绮月,请看塞北水云乡"的特色与艺术成就。

其中的"芝径云堤"兼备"径分三枝，列大小洲三，形若芝英，若云朵，复若如意。"绝妙造型。

"玉琴轩"和"宁静斋"的庭院水池，进出水由走廊基础底部通过，并用山石隐护，使人难以发现池中之水从何而来，流向哪里。做法绝伦，景物罕见。

还有该轩前院的四方亭基础，启用山石叠造，亭中路面留有三湾六转水渠，既充实坚固了基础，又美化了孤亭景色，使之显示在凹处山崖之间，还能做"曲水流觞"乐趣，呈现着"醉翁之意不在酒，在乎山水之间"的绝妙境界。

再如，"文津阁"的池南大假山，不仅造型绝妙，寓意深邃，而且利用山体遮挡光线，由洞孔透光射入池中，水面里出现月亮，形象逼真，实属天下"绝景"。

避暑山庄的假山修造得巧妙、奇妙、绝妙。如"广元宫"育仁殿的"庭院山"，利用原有真山峦岩，"刻峭成峰雅"，自然得体，秀

赏石文化与艺术特色

■避暑山庄"无暑清凉"假山

丽多姿，面面有情，造法绝妙。

该处正山门里曲路中之"屏壁山"，除了利用原有山崖刻峭成假山体态，中间缺少体形部分，又加上假山石块，构成完整的山形体态，更为绝妙的造法。

再如，"旃檀林"西院外，利用原有山岩，刻峭成卧石假山，并配补上原有山岩缺少部分，构成完美山体，造法亦很绝妙。还有"仙苑昭灵"的前"崖山"，"长虹饮练"东南侧"驳岸"等，均有"刻峭"真山成假山和假山混渗于真山之中的造法。

这种奇形异景的出现，不仅说明了"假山如真方妙，真山似假为奇"的造山理法的高度运用，而且也充分体现出了避暑山庄景物与景色的巧妙、奇妙、绝妙之所在。

在使用山石材料上，康熙帝用热河本地的青石、黑石、黄石，既减少了远方运石的许多困难，又避免了时间上的等待，而且还体现了避暑山庄造园上的四大优点。正因为使用当地之山石，所以才能修造出避暑山庄这样特色与艺术成就的假山。

金山 位于镇江西北，古代金山是屹立于长江中流的一个岛屿，与瓜洲、西津渡呈持角之势，为南北来往要道，被称为"江心一朵芙蓉"。直至清代道光年间，才开始与南岸陆地相连，于是"骑驴上金山"曾盛行一时。

以少胜多，耐人寻思品味。如"烟波致爽"院内，仅以少量青石、黄石点配殿前12处"点山"小品，起到"画龙点睛"的效果。

"松鹤青樾"前后，用青石略点几处山石小品，非常简练、蕴藉，但能陪衬得该处景物十分优美，耐人寻味。再如，"梨花伴月"算是叠石造山最多，布局较大，形体较重的地方，然而，也没有一座假山超过2米，但能把那里点缀得有理有致，颇有"云窗倚石壁"之美，"千岩士气嘉"之妙。

个别部位，依据造园和造景的需要，亦修造了像"金山"岛屿之假山，由水面算起，拔高13.5米，南北长45米，东西宽35米。

并且叠有"云朵山""峭壁山""悬崖山""狮径路""屏风洞""护基岩""溪涧"等，还在山巅和山岚上建"上帝阁""天宇咸畅"，在山中间建"镜水

■叠石水景假山

■ 叠石假山造型

云岭"，依法点植松柳花草，以示"海门风月"和"北固烟云"景象。

乾隆时期的造园能力又有提高，假山技术进步，构山功力加深，因此，乾隆时期所增修的假山，更有发挥和创新。

这时，开始选用本地所产青石、黑石、黄石和混湖石、浆石、血石、鸡骨石。其中，大量使用的为混湖石，其次为浆石，较少者为血石和鸡骨石。它在昆石中最为名贵。

后种用材是与康熙时期所造假山区别的标志。并且均选块大形好的使用，所构筑的叠石山，形体大、腹空，中有涧谷峡壁，雄健硕秀，奇丽多姿。不仅具有强烈的地方风格，而且还有"园以景胜，景因园异"和"因景而异，因石有别"的特点和艺术成就。

在假山布局上，十分注重配合主题命名和主体建

鹤 寓意延年益寿。在古代是一鸟之下，万鸟之上，仅次于凤凰，明清一品官吏的官服编织的图案就是"仙鹤"。同时鹤因为仙风道骨，为羽族之长，自古就被称为是"一品鸟"，寓意第一。鹤代表长寿、富贵，据传说它享有几千年的寿命。鹤独立，翘首远望，姿态优美，色彩不艳不娇，高雅大方。

血石 最著名的是鸡血石，因其中的辰砂色泽艳丽，红色如鸡血，故得此名。鸡血石中红色部分称为"血"，红色以外的部分称为"地""地子"或"底子"，可呈多种颜色。因产量少而价值高，主要被用作印章及工艺雕刻品材料，也为收藏品。

筑，强调"因地制宜"，灵活多变，因此，乾隆时期所增修的假山，格局上无一处雷同，真正达到了锦上添花的艺术成就。

在假山选景上，除了承前启后统一和谐外，更加层出新意，巧构无穷。诸如，增修的"沧浪屿""戒得堂""采菱渡""烟雨楼""文津阁""文园狮子林"之假山，均以有限的面积，造出无限的天地风光，呈现出"山以深幽取胜，水以湾环见长""无一笔不曲，无一笔不藏，设想布景，层出新意"的造园境界。

再如，"山近轩""广元宫""水月庵""旃檀林""碧静堂""敞清斋""食蔗居""秀起堂""宜照斋""玉琴精舍"，又是山区造山、造景的珍品，有的小巧多姿，真假难辨；有的古拙自然，景色幽美；有的雄伟浑厚，硕秀奇特。真是景意并存，堪称佳作。

还有"松林峪"的中上部，峭土叠石，修造成"左溪右则山，石沟左必涧，峰回水流处，率有板桥贯"的奇丽景象。

在叠石山的做法上，除了加倍做好基础外，更加重视选石和相石，更加熟练地运用勾连法、挑压法、拱券法、劈峭法、等分法、平衡法，总结出塞北叠石造山"安、连、接、斗、跨、悬、

■秋景中的太湖石

拼、竖、卡、垂、镶、渗、堆"13字诀。

多以大石块叠砌为主，小石块垫补，碎石镶嵌和塞缝。力求做到形体自然，纹理通顺，比例匀称，上下得体，苍鳞挺拔，完整无缺的地步。

有些假山，体态重要部分，加上各种"铁活"，使险峭之石牢固耐久，不易变形和走闪。造山技术层出新意，巧构无穷。

■ 北方园林太湖石

在假山艺术处理上，乾隆时期更加精巧、周密、细致、全面、秀丽。主山与建筑结合时，只作对景或背景的叠砌；以山为骨干时，都做得山形高大，山势集中；以水为主的假山，分散在四周和筑礁点岸；较大的假山，十分注重有主、有次、有层次、有起伏、有凸凹、有曲折，上下呼应，开合互用，疏密得体，轻重虚实，神气贯通。

正如清代造园家所说："从来叠山名手，俱非能诗善绘之人，见其一石，颠倒置之，无不苍古成文，迂回如画，此正造物之巧，尽示奇也。"

乾隆时期所修的避暑山庄假山，不仅注重整体布局和整体美，而且每个部位、每个单项，都达到了完美的程度。譬如说，注重选用块大形好的山石材料，主要将秀丽石面放在山体外部，使其单项美与配合美充分得到发挥。

避暑山庄 我国古代帝王宫苑，清代皇帝避暑和处理政务的场所。位于河北省承德市市区北部。始建于1703年，历经清康熙、雍正、乾隆三朝，耗时89年建成。其拥有殿、堂、楼、馆、亭、榭、阁、轩、斋、寺等建筑一百余处。是我国三大古建筑群之一，它的最大特色是山中有园，园中有山。

紫禁城 是指我国明清两代24个皇帝的皇宫。明朝第3位皇帝朱棣在取得帝位后，决定迁都北京，即开始营造紫禁城宫殿，至1420年落成。依照我国古代星象学说，紫微垣即北极星位于中天，乃天帝所居，天人对应，是以皇帝的居所又称紫禁城。

竖峰做到浑厚坚实，高低适度，形体优美，例如，"烟雨楼"大假山的"青莲岛"石，还有文津阁"熊石爬树"、鸥鸟碑"松树碣石"、烟雨楼"树陪洞口"等，均以形美貌秀，各成佳趣，合成景物，立在风景点上，可以说是单项美与配合美的典型。

乾隆帝更讲究假山选石，他曾经对南方和北方的石头作过比较，认为"南方石玲珑，北方石雄壮。玲珑类巧士，雄壮似强将。风气使之然，人有择所尚"。南方石有"玲珑"的长处，北方石有"雄壮"的特点，所造出来的假山，各具风格，各有气魄。

清末名士谭嗣同在赏石鉴赏方面提出了独特的评价标准，他认为石如人，其外形与人一样，具有首、腹、貌、气、肤、年龄，并对每个部位提出了相应的鉴定要点。有《怪石歌七古》："其首秀而瘦，其腹漏而透，其貌陋而皱，其气厚而茂，其中秀而籀，其

■ 雄壮的北方奇石

■ 清代的彩石

纪归而寿。"

清代文献中，也记载了很多奇石珍宝：

姜绍书藏有一块兰州石，青色大如柿，一天石头坠落地上，碎成三四块，发现该石中空；更奇怪的是，里面竟有一尾小鱼，落地时鱼竟然还跳了两下才死掉。

清代《西游记》小说与京剧开始流传，所以有的雨花石就命名为"悟空庞"，色如豇豆，上有一元宝形曲线且凸出石表现，在曲线正中偏上处恰又生出两个平列的小白圈，圈内仍是豇豆红色，极似京剧舞台上的孙悟空脸谱。

清代藏石家宋荦在香溪发现了五色鸳鸯石。他在《筠廊偶笔》中说：归州香溪中多五色石。康熙时从溪中得一石，大如斗，里面好像有物，剖开后，竟得雌鸳鸯石一枚。后又过该溪，又得一石，剖开后，竟然得到雄鸳鸯石一枚，真是奇中又奇。

清乾隆年间，有人收藏一石，上面有山树，下有7个字："石出倒

听枫叶下。"后人在黔州又得一石，花纹与前者大不一样，但也有一词句："橹摇背指菊花开。"于是将这两块石称为"对仗石"。

　　清代十七宝斋中藏有十七块宝石，均为河南禹州所产。其中有一石绿色，上有红牡丹一枚，背面有"富贵"二字。另一石洁白，长约6.7厘米，宽约3.3厘米多。细看上有两个小人儿，手指远方。旁边还有8个小字："红了樱桃，绿了芭蕉。"

阅读链接

　　清康熙年间，内蒙古阿拉善左旗供入内府一块肉形石，是一块天然的石头，高5.73厘米，宽6.6厘米，厚5.3厘米。

　　此件肉形石乍看之下，极像是一块令人垂涎三尺、肥瘦相间的"东坡肉"，"肉"的肥瘦层次分明、肌理清晰、毛孔宛然，无论是色彩还是纹理，都可以乱真。

　　人们似乎都能闻到红烧肉的香味，真正是人间极品。